YANGHAO PIFU NIANQING 20 SUI

养好皮肤年轻20岁

孙秋宁 ——— 编著

北京协和医院皮肤科主任医师、教授、博士生导师

中国纺织出版社有限公司

图书在版编目（CIP）数据

养好皮肤：年轻 20 岁 / 孙秋宁编著 . -- 北京：中
国纺织出版社有限公司，2022.3
ISBN 978-7-5180-8771-6

Ⅰ . ①养… Ⅱ . ①孙… Ⅲ . ①皮肤—护理 Ⅳ .
①TS974.11

中国版本图书馆 CIP 数据核字（2021）第 162432 号

责任编辑：傅保娣　　责任校对：王蕙莹　　责任印制：王艳丽

中国纺织出版社有限公司出版发行
地址：北京市朝阳区百子湾东里 A407 号楼　邮政编码：100124
销售电话：010 — 67004422　传真：010 — 87155801
http://www.c-textilep.com
中国纺织出版社天猫旗舰店
官方微博 http://weibo.com/2119887771
天津千鹤文化传播有限公司印刷 各地新华书店经销
2022 年 3 月第 1 版第 1 次印刷
开本：710×1000　1/16　印张：12
字数：219 千字　定价：49.80 元

前言

  在这个注重健康的社会，人们也非常关注皮肤的健康状态。女性朋友们更加在意自己的皮肤是否白皙无斑，有没有皱纹，跟同龄人比有没有显老；男性朋友们更加在意自己的皮肤有没有过于油腻和粗糙；青少年朋友们则更加在意皮肤"爆痘"的情况。

  可是，现在处于自媒体时代，无论是线上还是线下的平台上，都存在一些五花八门的错误护肤理念并误导人们。我在门诊工作中经常会遇到各种因为不当护肤，导致皮肤出现问题的患者。为此，我感到非常有必要出一本皮肤护理的科普书，让我的患者和大众来真正了解和认识皮肤，懂得该如何正确护理自己的皮肤。

  本书一共分为7章。第1章介绍了关于皮肤的基础知识，让您能够了解皮肤的结构和功效；第2章详细介绍了皮肤护理的三部曲"洁面""保湿""防晒"，以及各个年龄段的护理原则；第3章介绍了皮肤常见的问题，如出油、毛孔粗大、长痘、敏感肌、长斑、常见皮肤病的护理；第4章分别介绍了头、眼、唇、颈、胸、手、足等部位的皮肤常见问题及应对策略；第5章介绍了备孕、孕期、产后女性的皮肤护理问题；第6章介绍了常用的医学美容技术；第7章解答了常见的护肤热点问题。

  总而言之，本书主要从实用角度出发，介绍了皮肤护理的诸多方法，让您一看就懂，一用就灵。

  希望本书能够真正解决您的护肤烦恼，让您的皮肤呈现年轻态，让健康的皮肤为您的幸福生活助力！

孙秋宁

2021 年 6 月

目录

第1章　认识你的皮肤，揭秘皮肤密码

第2章

零基础学护肤，
恢复皮肤再生力

第4章

护肤，不只是『面子』问题

第 **5** 章

孕期精心呵护皮肤，杜绝『一孕丑三年』

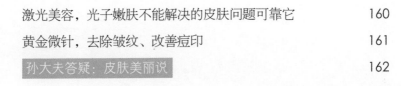

第7章

护肤热点问题解答

目录
·

化妆棉并不能促进皮肤吸收功能

皮肤屏障功能的完整性、角质层的水合程度、环境的温湿度、性别、年龄、涂抹部位是影响皮肤吸收的因素。而用化妆棉蘸护肤水擦脸，除了反复摩擦会破坏角质层之外，对皮肤并没有好处，也不会让护肤水得到更好的吸收。用手涂或者用喷瓶涂抹护肤水，效果就挺好的。

1 用化妆棉涂护肤水效果更好？

2 面膜天天敷，敷的时间越长，吸收效果越好？

敷面膜时间不宜过长

如果天天敷面膜，皮肤角质层在水中过久、角质层油分丢失、角质细胞间的连接松散，使皮肤受损敏感。建议敷面膜频率为每周 1~2 次。

有些人认为面膜敷在脸上时间越长，吸收效果会越好，这是非常错误的认知。因为面膜在脸上敷的时间过长是"护肤不成反害肤"，会导致皮肤的水分和油脂丢失。一般敷面膜的时间应该控制在 5~15 分钟。

3 涂了防晒霜就不会被晒伤了？

涂抹方式不对，也会被晒伤

不做防护，让皮肤裸露在阳光中，可能会导致皮肤外源性老化，也就是大家常说的"光老化"。但是，有的人涂了防晒霜仍然被晒伤，这可能是因为防晒霜涂抹不当或是防晒霜的质量不佳以及没有及时补涂防晒霜。

防晒霜的正确使用方法如下。

① 一般防晒霜涂抹 20 分钟后才能发挥作用。所以要提前涂抹防晒霜。

② 防晒霜的使用剂量，大约是每平方厘米 2 毫克，每次涂抹大概是一元硬币大小的量。因为防晒霜的防护能力会随着皮肤的暴露时间而逐渐减弱，所以要根据情况及时补涂防晒霜，可以每隔 2~3 小时补涂 1 次。

③ 涂抹防晒霜，一定把需要防护的部位进行均匀多次涂抹，不能随便涂抹几下，以免漏涂的皮肤遭到强烈日光的照射，引起日晒伤和皮肤变黑。

4 无油配方的护肤品就一定质地清爽？

"无油配方"里也可能含油性成分

油性或混合性皮肤的女生，为了让皮肤清爽一些，会把"无油配方"护肤品作为购买首选。
不过，大家理解的"无油配方"，是没有添加任何类型的油脂。事实上某些厂家宣称的"无油配方"，仅仅是不含有矿物油而已，并不是不含油性成分。

6 含酒精的爽肤水不可以用？

5 碱性洁面不可以用？

酒精对皮肤并非百害而无一利

含有酒精的爽肤水，可以起到抗炎杀菌、收缩毛孔、清洁皮肤的功效，是否选用含酒精的爽肤水，是因人而异的。

① 敏感性皮肤：酒精具有刺激性，可能会诱发接触性皮炎，对于皮肤敏感的人群，尽量避免使用含有酒精成分的爽肤水。

② 干性皮肤：尽量避免使用含有酒精成分的爽肤水，因为酒精成分会使皮肤变得更加干燥。

③ 中性皮肤：可以少量使用含有酒精成分的爽肤水。但需要注意的是，使用爽肤水后，要使用保湿乳（霜），修复皮肤屏障，避免造成外油内干的皮肤。

④ 油性皮肤、混合性皮肤、痘痘肌：可以选用含有酒精成分的爽肤水。

酒精可以很好地溶解皮肤表面的油脂，清洁毛孔，避免出现毛孔堵塞，使皮肤变得更清爽，起到很好的抗炎杀菌作用。

尽量避免使用碱性洁面产品

洁面的目的是为了清除面部的污物，如灰尘、环境里的污染物、彩妆残留、汗水、过多的油脂、脱落的角质细胞等，而皮肤最外面的一层为皮脂膜，它是皮肤的保护屏障。如果经常用含有碱性洁面成分的洗面奶，会导致过度清洁，使皮肤表面的皮脂膜遭到破坏，皮肤则会干燥脱皮，甚至出现皮肤敏感，因此一定要避免过多使用碱性洁面产品。

第 1 章

认识你的皮肤，
揭秘皮肤密码

皮肤是如何
从外界汲取营养的

　　我们在皮肤上涂抹各种不同的护肤品，希望能够达到美白、嫩肤、去皱、抗衰老等功效。事实上，要想真正让皮肤吸收这些护肤品中的营养成分，并非易事。

皮肤表层"神秘"薄膜，会阻碍营养物质吸收

　　皮肤表面有一层由游离氨基酸、尿酸、脂肪酸、乳酸、氨、磷酯类等物质组成的薄膜，这些物质会干预皮肤对外界物质的吸收。但是，仍然会有少量的物质可以"突破重围"，通过三条"秘密通道"，打入皮肤"内部"。

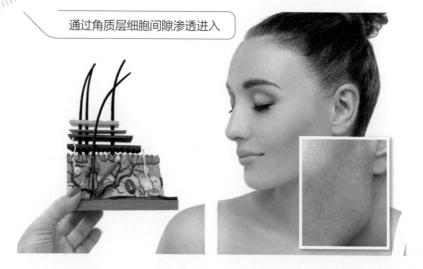

秘密通道

通过角质层细胞膜进入角质层细胞后吸收

大分子及不易渗透的水溶性物质，可以通过毛囊、皮脂腺、汗腺导管被少量吸收

通过角质层细胞间隙渗透进入

影响护肤品吸收的主要因素

皮肤的部位

皮肤角质层的薄厚程度，影响护肤品的吸收效果。

全身皮肤吸收能力大小排序
阴囊部的皮肤吸收能力最强，其次是前额、大腿的内侧和屈侧、上臂的屈侧、前臂等，手掌和足底脚掌部位吸收能力最差。

面部皮肤吸收能力大小排序
鼻翼两侧的皮肤吸收能力最强，其次是上额和下颌，两侧面颊的皮肤吸收能力最差。

皮肤的温度和湿度

环境温度越高、湿度越大，皮肤对护肤品中功能性营养成分的渗透吸收会越好。

因为温度升高，就会使皮肤血管扩张，血流速度也会增加，这样就可以促进已经渗透到皮肤里的营养物质的扩散，由此提高吸收效率。

皮肤的含水量

皮肤在缺水的状态下，吸收能力较差；如果皮肤水润润的，吸收能力就会比较强。因此，最好先用蒸汽喷面或者拍打爽肤水再涂抹具有营养物质的护肤品，滋润的皮肤会增加渗透和吸收功能，便于更好地吸收。

皮肤是否有损伤

完整状态

只能吸收少量水分和气体，电解质和水溶性物质（维生素C、B族维生素等）很难吸收，但脂溶性物质（维生素A、维生素D、糖皮质激素等）可以通过毛囊、皮脂腺路径被吸收。另外，油脂类的营养物质吸收较好，如羊毛脂、凡士林等。
特别需要注意的是，汞、铅、砷等重金属会跟皮脂中的脂肪酸结合，形成容易被皮肤吸收的脂溶性物质。

皮损状态

屏障功能会降低甚至丧失，这种情况下护肤品中的营养物质会更容易吸收。
不过，也有例外，如银屑病、硬皮病患者的皮肤角质层会增厚，更不利于吸收。

解密皮肤结构

保养皮肤是很多朋友每日必做的功课，但在保养之前了解一下皮肤的结构是非常必要的。

从面积来讲，皮肤是人体最大的器官，总面积为 1.2~2.0 平方米，大概占一个成人体重的 16%，皮肤是由表皮、真皮、皮下组织三部分组成的，三层的总厚度约为 1.25 毫米，每一层对维持皮肤的健康都扮演着重要的角色。

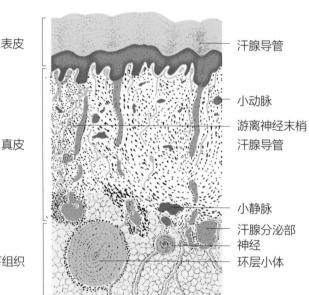

表皮   汗腺导管

真皮   小动脉
游离神经末梢
汗腺导管

小静脉
汗腺分泌部
神经
环层小体

皮下组织

表皮 位于皮肤的最上层，是上皮组织，担负着更新细胞的主要功能。

真皮 位于皮肤的中间层，主要由致密结缔组织及基质构成，其中有胶原纤维、弹性纤维和网状纤维等，与皮肤的弹性、光泽、张力等有很大的关系。皮肤松弛、皱纹等老化现象都与真皮层关系密切。

皮下组织 为脂肪组织，在真皮下方，二者之间无明显分界，由大量脂肪组织散布于疏松的结缔组织中而构成。可保护上层的细胞，起到缓冲的作用，抵御外界的撞击。

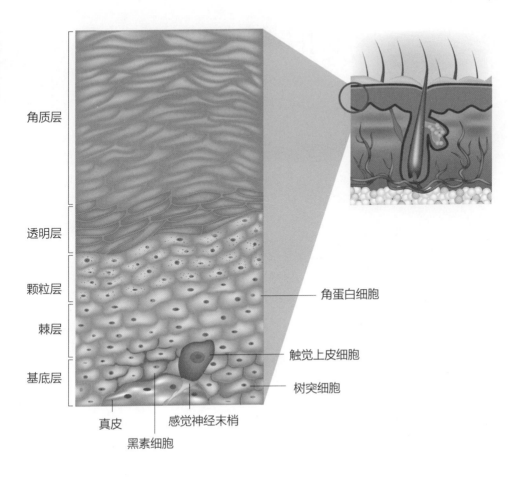

角质层

透明层

颗粒层

棘层

基底层

角蛋白细胞

触觉上皮细胞

树突细胞

真皮　感觉神经末梢

黑素细胞

角质层 是表皮的最浅层，也是皮肤的最外层。由 15~20 层已经死亡的角质细胞组成，和皮脂、汗液等一同构成的皮脂膜，是保护皮肤不受外界伤害的第一道防线。角质层有着自己独特的作用，它保护皮肤免受外界刺激，维持皮肤内电解质平衡，同时可以保护皮肤中的水分，是皮肤中不可或缺的一部分。此层细胞脱落后由深层的细胞再生，以保护皮肤并维持其弹性。

透明层 角质层下一层透明细胞层。

颗粒层 由 1 层或 2 层细胞并列构成，使光线产生折射，防止紫外线深入皮内。

棘层 位于基底层的浅面，其预警作用是在人体接触致敏化妆品时，产生瘙痒感等不适症状。

基底层 是表皮最底层细胞，具有细胞再生的功能。基底层细胞间分布有色素细胞，分泌棕褐色的色素颗粒，皮肤的颜色是由色素细胞及色素颗粒的多少来决定的。皮肤受到紫外线照射后，色素颗粒增多，一方面使皮肤变黑，而另一方面能起到保护作用，预防皮肤癌的发生。

皮肤的屏障

皮肤屏障的构成

皮肤屏障有广义和狭义之分。

广义——物理屏障、化学屏障、微生物屏障、免疫屏障。

狭义——物理屏障。

我们平常所说的皮肤屏障，大多是指物理屏障。物理屏障是由皮脂膜和角质层组成的。皮脂膜在最外层，是第一层防护；角质层在皮脂膜之下，跟皮脂膜"里应外合"，保护皮肤健康。

✿ 皮脂膜——天然的保湿霜

皮脂膜是覆盖在皮肤表面的一层透明薄膜，是由于皮肤表层在不断地分泌皮脂和汗液，油脂和水二者混合在一起形成的一层乳化状态的薄膜。

皮脂膜的作用

抵抗外界刺激

皮脂膜具有中和弱碱的能力，这样就能保持皮肤表面的 pH 在 4.5~6.5，这个范围属于最佳状态，从而能有效地抵抗外界刺激。

抵抗紫外线

皮脂膜中含有角鲨烯，可以有效地抵御紫外线的侵袭，具有一定的防晒功效。

保湿屏障

皮脂膜中的皮脂覆盖在角质层上，可以有效地阻止真皮层水分流失，是皮肤锁住水分的重要屏障。

✿ 角质层——天然的护城墙（砖墙结构）

角质层位于皮脂膜之下，由保护性的成分所组成，如角蛋白、细胞间脂质、天然保湿因子等。角质层的第一层是无核角质细胞，俗称"死皮"，覆盖在皮肤表层，对皮肤起到一定的保护作用，抵御紫外线、化妆品、粉尘等侵袭。在洗澡时，搓下来的污垢中就包含脱落的角质细胞。

无核角质细胞下面是角质层的核心区域，也就是"砖墙结构"，起到了重要的皮肤屏障功能。

"砖墙结构"中的"砖块"由角质细胞构成，"灰浆"由细胞间脂质（神经酰胺、胆固醇、胆固醇硫酸酯和脂肪酸、游离脂肪酸等）构成，二者结合使得角质层形成牢固的"防御系统"，可以抵御外界各种物理和化学损伤，并且保护皮肤中的水分不流失。

如果"砖墙结构"受到破坏，皮肤可能就会出现各种各样的问题。

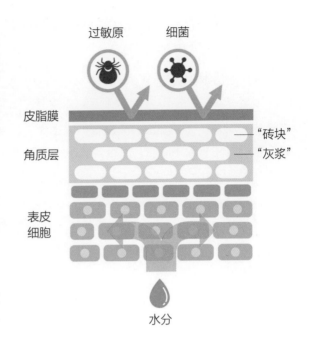

皮肤屏障的作用

保湿，防止水分流失	角质层能有效地阻止水分流失，起到非常重要的屏障功能。例如，银屑病、烧伤、异位性皮炎等患者，皮肤角质层的屏障功能受损导致大量的水分流失。
具有免疫屏障和抵抗微生物的功能	皮肤的表皮会合成和产生抗原提呈细胞，这样就能抵抗微生物对皮肤的伤害，增强皮肤的免疫功能。
抗氧化	角质层表面覆盖着皮脂，不仅可以滋润皮肤，还能产生和补充具有抗氧化功效的维生素E。
抵抗外力牵拉损伤	表皮有一层致密的组织细胞形成角质层，可以有效抵抗外来刺激；真皮是由胶原纤维和弹性纤维等组成，可以抵抗牵拉和摩擦；真皮下面的皮下组织富含脂肪，可以缓冲外界的冲击力。
抗紫外线	角质层可以吸收短波的紫外线，棘层和基底层可以吸收长波紫外线。

容易让皮肤屏障受损的错误护肤法

🖊 洗脸频率过多

有些人感觉一天下来，皮肤上会沉积好多的灰尘和污染物，所以一天要洗好多次脸，而且还会用卸妆产品来辅助。事实上，洗脸的频率过多，虽然能及时除去皮肤表层的灰尘和油脂，但也会对皮肤屏障造成伤害，使皮肤变得敏感、发红、脱屑。

皮肤分类	洗脸频率
干性皮肤	每天 1~2 次，可以选择早、晚各 1 次，或晚上睡前洗 1 次即可
油性皮肤	每天 2~3 次，可以选择早、中、晚各 1 次，或早、晚各 1 次
混合性皮肤	每天 2 次，可以选择每天早、晚各 1 次
敏感性皮肤	每天 1~2 次，可选择早、晚各 1 次，或晚上 1 次

🖊 滥用护肤品

有些女孩会囤积大量的护肤品，只要有人说好，就立刻买来试用，把自己的脸当成了"试验田"，经常换护肤品或者同时使用多种护肤品。

其实，如果同时使用品种太多的护肤品，不同护肤品的配方可能会产生冲突，这样不仅达不到良好的护肤效果，还会加重皮肤的负担，损伤皮肤屏障。

最好根据肤质来选择适宜的护肤品。

🖊 面膜使用不当

面膜会有暂时性的使皮肤看上去"娇嫩、白皙"的感觉，这是因为角质层暂时被浸湿、软化的效果，而如果是敏感性皮肤过多浸在水里，会更加敏感，所以每次敷面膜的时间不要超过 15 分钟。

皮肤屏障受损了怎么办

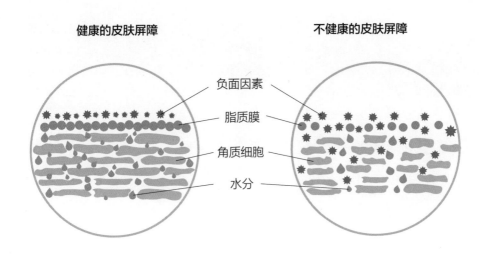

健康的皮肤屏障　　　　　　　不健康的皮肤屏障

负面因素
脂质膜
角质细胞
水分

　　皮肤屏障功能受损后，皮肤会出现水分流失过快，以及敏感、发红等皮肤敏感的表现。因此，在日常护肤中，要想保护皮肤屏障不受损伤可以从以下几方面做起。

清洁有度

有些洁面产品中的表面活性剂会损伤皮脂膜，这样皮肤就失去了锁水功能。因此，每天洗脸次数要适量，尽量选用温和的洁面产品，避开碱性洁面产品。

做足保湿功课

可以使用一些水溶性保湿成分的护肤品（成分包含氨基酸、尿素、甘油等），给皮肤及时补充水分。保湿功课做得好，更有利于皮肤屏障功能修复。

注意防晒

皮肤屏障受损后，无法抵御紫外线的侵袭，因此更要注意日常防晒。不过最好不要再涂抹防晒霜或防晒喷雾，帽子、口罩、防晒衣这些物理防晒效果就很不错。

合理使用糖皮质激素药膏

如果皮肤屏障功能出现障碍，不要自行购买含有糖皮质激素的药膏，最好到正规医院就诊。因为不合理使用糖皮质激素类药膏，会导致激素依赖性皮炎，使皮肤变薄、萎缩、破坏皮肤表面的 pH、影响脂质正常分泌，这样一来"弄巧成拙"，使皮肤屏障修复时间延缓。

皮肤上的"微生物居民"

我们的皮肤上寄生着大量"微生物居民"，它们把家安在了角质层的表浅处、毛囊皮脂腺口的漏斗处、汗管口及皮脂质膜内。

"微生物居民"，做了哪些好事

这些"微生物居民"有好坏之分，也有常驻菌和暂驻菌之分。

常驻菌

常驻菌包括表皮葡萄球菌、人型葡萄球菌、棒状杆菌、酵母菌等，生活在皮肤较深层。其中，大部分常驻菌群，与我们和平相处，它们分泌抗生素，同时产生代谢产物乙酸、乳酸等，让引起皮肤感染的痤疮杆菌、金黄色葡萄球菌等有害细菌无"安身之所"。

另外，这些有益的常驻菌群还会吃掉皮肤代谢产物——皮屑和油脂，进而"加工"成有益于皮肤的氨基酸、脂肪酸等，维护皮肤屏障功能。

不过这些常驻菌在皮肤屏障受损时也会"搞事情"，另外还会引起眼睛的感染。

暂驻菌

暂驻菌包括铜绿假单胞菌、不动杆菌、肠杆菌科细菌、金黄色葡萄球菌等，生活在皮肤表面。通常可以通过接吻、握手、接触公用产品而传播。因此，平时要注意洗手洗脸，注重皮肤清洁。

坚固的皮肤"防御工事"，让有害菌无懈可击

皮肤屏障完好，皮肤有完整的"防御工事"——致密的角质层和角质形成细胞间通过颗粒结构相互镶嵌排列，无论病毒的直径在 100 纳米还是 200 纳米，都无法"入侵"。另外，皮肤的表面"酸溜溜"，也不利于寄生菌生活。再加上皮肤表面还有防护军"游离脂肪酸"，直接限制了"微生物居民"的活动力。

不过，一旦皮肤屏障功能受损，有害菌就会"闻风而动"，开始在皮肤上"兴风作浪"。因此，要注重维护健康的皮肤屏障。

养好皮肤　年轻20岁
·

为什么有些人不护肤，反而皮肤杠杠好

有些人不护肤，皱纹少、晒不黑、脸上也没有色素斑，皮肤状态一直保持得非常好，主要跟以下几方面有关。

基因好

这是"体质"问题，遗传基因形成的"天生丽质"。

不过，皮肤是一个逐渐衰老的过程，随着年龄的变化，皮肤也会老化，这是无法抗拒的自然规律。

注意清洁和防晒

注意适当清洁、保湿和防晒。清洁可以及时清除脸上的污垢和油脂；保湿保证皮肤水分不过度挥发，防晒做得好，可以有效避免日晒性衰老。

心态好

老话说"笑一笑，十年少"！保持良好的心态，及时疏导负性情绪垃圾，心情好了，皮肤会由内而发透露出年轻状态。

生活习惯好

日常生活中，饮食有规律，很少吃油炸、高糖、辛辣的食物，足量饮水。

另外，尽量不熬夜，也有助于皮肤的修复，因为睡眠不足，身体会分泌过多的皮质醇，从而导致皮肤经常长痤疮。

注重运动

保持运动的习惯，有利于皮肤维持年轻的状态。

因为人在运动时，皮肤的毛孔会张开，有利于排出体内的代谢产物，有促进皮肤组织更新换代的作用。

另外，运动可以促进血液循环，血液中的水分和氧气会传送到皮肤上，使其富有弹性、有光泽；运动增强肌肉力量，匀称皮下脂肪，这样可以足够支撑起皮肤表皮。

测试你的皮肤属于哪种类型

面部皮肤的分类

主分类

根据皮肤角质层含水量和油脂分泌，可以把面部皮肤分为三类——中性皮肤、干性皮肤、油性皮肤。

皮肤类型	皮肤特点
中性皮肤	不油不腻，比较湿润，皮脂较少，水分较多。中性皮肤是最理想的皮肤状态，油脂与汗液分泌正常，皮肤娇嫩、细腻、有弹性，拥有自然的光泽及红润感，并且健康的皮肤抵抗力强，不易产生皮肤问题
干性皮肤	皮肤表面干燥，皮脂和水分不足。因为油脂量少，所以使皮肤看起来无光泽，也因为水分的减少，皮肤表层会显得粗糙。干性肤质的人，脸上看来总是紧绷、干涩、脱皮、粗糙，容易生小细纹及斑点
油性皮肤	毛孔较大，比较油腻，皮脂和水分较多。油性皮肤的人，脸上总是油油亮亮的，有顽固的粉刺，毛孔粗大，T形区油腻

除中性、干性、油性皮肤外，还有一类混合性皮肤，就是融合了油性与干性皮肤的特质，皮肤的某些部位是油性的，而某些部位却是干性的。

一般情况下面部T形区总是泛着油光，为油性皮肤；两颊却因为缺水而干涩、紧绷，为干性或中性皮肤。

判断混合性皮肤，T形区按油性皮肤判断，两颊按干性或中性皮肤标准分别进行判断。

次分类

除了主分类的几种皮肤类型外，年龄增大还可能会出现皮肤衰老等问题，因此需要针对皮肤变化进行皱纹、色素、敏感性、皮肤日光反应的次分类。

分型	皮肤特点
无	皮肤上没有皱纹，皮肤弹性好，紧致度佳
轻度	在静止的状态下没有皱纹，哭、笑等面部运动状态下会有少许线条皱纹。皮肤的弹性和紧致程度有所下降
中度	在静止状态下可以看到浅细的皱纹，哭、笑等面部运动状态下会有明显的线条皱纹。皮肤松弛，弹性继续下降
明显	在静止状态下可以看到明显粗大的皱纹，皮肤看起来缺乏弹性、明显松弛

皮肤皱纹

面部皱纹可以分为两类： 动力性皱纹是由于表情肌收缩引起的，如眼角、眉间、额头、口周等部位的皱纹；静止性皱纹在皮下组织和肌肉萎缩和重力作用影响下产生的皱纹，如眶周、颧弓、下颌区和颈部的皱纹。

分型	皮肤特点
无	看起来肤色均匀，没有明显的色素沉着斑
轻度	面部皮肤色素沉着呈现浅褐色，占面部皮肤的 1/4 以下
中度	面部皮肤色素沉着呈现浅褐色和中褐色，占面部皮肤的 1/3 以下
重度	面部皮肤色素沉着呈现深褐色，占面部皮肤的 1/3 以上

皮肤色素

分型	皮肤特点
无	对外界刺激没有反应（乳酸刺激试验 0 分）
轻度	对外界刺激有反应，但具有耐受性，可以在短期时间内自愈（乳酸刺激试验 1 分）
中度	对外界刺激敏感，没有耐受性，自愈时间较长，发生变态反应性疾病的概率低（乳酸刺激试验 2 分）
重度	对外界刺激反应非常明显，很容易发生湿疹、接触性皮炎等变态反应性疾病（乳酸刺激试验 3 分）

皮肤敏感性

敏感性皮肤易受刺激而出现某种程度的不适，可因食物的温度、情绪或美容用品等引起皮肤表面干燥、发红、痛痒、脱皮、肿胀等问题。

乳酸刺激试验方法 配比 10%乳酸水溶液，在常温下分别涂抹在面颊和鼻唇沟，用 4 分法分别在 2.5 分钟和 5 分钟时来评判刺痛程度。没有红斑为 0 分，轻度红斑为 1 分，中度红斑为 2 分，重度红斑为 3 分。

分型	皮肤特点
日光反应弱	经过日晒，皮肤没有发生变化
易晒红	经过日晒，皮肤容易出现红斑
易晒红和晒黑	经过日晒，皮肤容易出现红斑和晒黑，基础肤色偏浅褐色
易晒黑	经过日晒，皮肤容易出现红斑，基础肤色偏深

皮肤日光反应是根据初夏上午 11 点日晒 1 小时后，皮肤出现晒红或晒黑反应分类。

注：以上部分内容引自何黎，李利．中国人面部皮肤分类与护肤指南[J]．皮肤病与性病，2009（4）：14-15。

测试皮肤类型的方法

测试皮肤的类型，可以采用洗脸测试法、纸巾擦拭法、美容灯透视观察法、皮肤测试仪等。

洗脸测试法

1   用洗面奶洁面。

2   擦干水，此时皮肤会出现紧绷感。

3   计算皮肤紧绷感消失的时间。

皮肤类型		评判标准
干性皮肤	干性缺水	洗脸后皮肤紧绷感大约 40 分钟消失，皮肤干燥、松弛、缺乏弹性，会有细小的皮屑
	干性缺油	洗脸后皮肤紧绷感大约 40 分钟消失，皮肤比较干，没有光泽，皮脂分泌少
中性皮肤		洗脸后皮肤紧绷感大约 30 分钟消失，皮肤光滑、细腻、有弹性
油性皮肤		洗脸后皮肤紧绷感大约 20 分钟消失，皮脂分泌多，油腻发亮

纸巾拭擦法

1   准备 1 厘米 ×5 厘米大小的干纸巾 5 片，在早晨洗脸后 30 分钟，贴在额头、鼻翼两侧、面颊部。

2   1～2 分钟后取下，观察纸巾上的油渍大小。

皮肤类型		评判标准
干性皮肤	干性缺水	纸巾上油迹面积不大，油渍点2处以上，但不多于5处，呈微微透明状
	干性缺油	纸巾上没有油迹，油渍点2处以下，没有发生融合
中性皮肤		同干性缺水皮肤
油性皮肤		纸巾上可见大片油迹，油渍点多于5处，呈现透明状，可发生融合

美容灯透视观察法

美容透视灯里所装的紫外线灯管，可以观察到皮肤从表层到深层的组织情况，根据皮肤在透视灯下呈现的不同颜色来判断皮肤的类型。

皮肤类型		评判标准
干性皮肤	干性	大部分呈淡紫蓝色，少许或没有橙黄色荧光块
	干性缺水	大部分为淡紫蓝色，小部分橙黄色荧光块和白色小块
	干性缺油	少许或没有橙黄色荧光块
中性皮肤		大部分为淡灰色，小部分橙黄色荧光块
油性皮肤		大面积的橙黄色荧光块

皮肤测试仪

使用皮肤测试仪，通过观察皮肤的颜色来判断皮肤类型。

皮肤类型		评判标准
干性皮肤	干性	青紫色
	超干性	深紫色
中性皮肤		青白色
油性皮肤		青黄色
敏感皮肤		紫色
色素沉着		褐色、黯褐色

孙大夫有话说

皮肤类型会有反转

皮肤类型并不是恒定不变的，会随着年龄、季节等因素而发生改变。例如，处于青春期的少年，由于油脂分泌旺盛的原因，为油性皮肤；老年人由于皮脂腺分泌功能衰退，变得干燥，就成为干性皮肤了。另外，夏季皮脂腺分泌旺盛，冬季皮脂腺分泌欠佳，皮肤的类型也会有所差异。

皮肤镜，轻松看透皮肤的隐藏问题

皮肤镜又称"皮肤表面透光式显微镜"。作为皮肤专用"放大镜"，它可不是简单的放大镜，是带有偏振光的，既可以将皮肤表面的问题放大数十倍，也可以看到部分皮下深层的结构的检测仪器。而且其操作起来便捷、无创伤，是近年来皮肤科医生的皮肤"听诊器"。

皮肤科医生为什么要使用皮肤镜

皮肤角质层反射率比空气高，大部分的可见光无法穿透角质层，反而被其反射出去。因此，皮肤科医生无法靠肉眼来观察受损部位的深层结构。

而皮肤镜的出现，恰恰充当了皮肤科医生的"第三只"眼睛。便于皮肤科医生观察肉眼看不到的，皮肤表皮下部、真皮乳头层的皮肤病变。

皮肤镜都能检查什么

色素性疾病：黄褐斑、色素痣、白癜风、雀斑样痣等。

浅表的癌前期病变及皮肤肿瘤：黑色素瘤、血管瘤、基底细胞上皮瘤等。

红斑鳞屑性疾病：银屑病、湿疹、玫瑰糠疹等。

感染性皮肤病：寻常疣、体癣、疥疮等。

毁容性皮肤病。

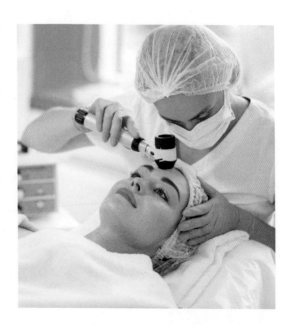

孙大夫答疑： 皮肤美丽说

1 "外油内干"的皮肤，该如何护理?

首先，要声明一下，皮肤学中并没有"外油内干"的概念。

有些人是出油较多的痘痘肌，就觉得自己是"外油内干"，其实，在表皮有大量皮脂覆盖下，是不会造成角质层水分流失的，因此这样的认知是错误的，这样的皮肤内部是不会缺水的。不过有人觉得皮肤太油腻了，就会拼命地去清洁和去角质，过度清洁的结果是皮肤洗得越来越干，皮肤屏障受损后极易敏感，很容易过敏。

还有的人，面颊部的皮肤较干，而面中部比较油，也会错误地认为自己是"外油内干"，事实上这是混合性皮肤。

总之，"外油内干"是个伪概念，皮肤是"干"还是"油"，是由皮肤屏障决定的。只要皮肤屏障功能完整，皮脂能正常分泌，角质层"蓄水"能力正常，皮肤就不会太难护理。

如果您属于油性皮肤，在清洁皮肤时要注意把握度，不能过度清洁，避免皮肤干燥；如果您是油脂丰富的痘痘肌，可以选用清爽不油腻的保湿类护肤品，如果出油极多不用保湿产品皮肤也不会干燥；如果您不喜欢脸上有油，可以在面部清洁结束后立刻抹上保湿类护肤品。

2 为什么人们的肤色不一样呢?

人类的肤色主要分为固有肤色和继发性肤色两类。其中，固有肤色具有遗传性，继发性肤色则是由于药物、紫外线照射等后天因素导致的肤色变化。

正常肤色有黑、黄、红三种色调。

其中，黑色由皮肤中的黑色素含量决定，也是决定皮肤颜色的关键。黄色由组织中的胡萝卜素的含量以及皮肤角质层和颗粒层的厚度决定；红色则是由血红蛋白含量以及真皮的血流分布决定的。

不同人种黑色素分布情况

种族	黑色素分布
黄种人	表皮基底层，棘层内不多
黑种人	基底层、棘层、颗粒层
白种人	同黄种人，只是黑素数量比黄种人少

决定人类肤色的主要原因是皮肤内的黑色素细胞数量的多少，而人后天的肤色和黑色素颗粒的数量有关，所以我们后天所做的"美白"，都是针对黑色素颗粒的，而不是针对黑色素细胞的多少。另外，表皮的薄厚程度也会影响肤色。

3 男性如何选择护肤品?

男性一般比女性皮肤厚且毛孔粗大，皮脂腺数目多，角质层较厚。所以一般男性皮肤偏油，因为油性大堵塞毛孔，很容易长暗疮，所以男性护肤品的选择，以控油为主。

洁面膏	男性皮肤大多数偏油，毛孔粗大，一般选用泡沫丰富的洁面产品比较好。
润肤露	润肤露可以有效防止皮肤水分流失，抑制油分，防止皮肤干燥。可以选择对皮肤滋润、无油腻、保持皮肤爽滑的润肤露。
润唇膏	男性一般不在意嘴唇护理，再加上饮水量少、天气等因素，很容易出现嘴唇干裂。因此，最好选择无色的护唇膏进行护理，使唇部皮肤滋润有弹性。
男士面膜	男士的皮肤很容易出现皱纹，日常保养非常有必要。例如，选择合适的保湿面膜，给皮肤进行大量的补水，缓解皮肤干燥。另外，选择男士面膜时，要关注一下有没有清除皮肤油脂的功效。
紧肤水	可以选择紧肤水，进行皮肤保湿。尤其是油性肤质的男士，常用紧肤水有利于收缩毛孔，清除面部油脂。另外，使用紧肤水的同时，最好搭配使用具有密集滋养功能的精华素。

第 **2** 章

零基础学护肤，恢复皮肤再生力

洁面，你做对了吗

卸妆，根据彩妆的程度来卸

卸妆的本质是清洁。一般情况下，如果没有化妆的话，或者只抹些防晒霜、粉底、腮红的淡妆，就可以忽略卸妆部分，用温水及洁面奶直接洁面即可。不过，如果您画了彩妆，就必须要进行卸妆，不然彩妆里的油脂、粉质、着色剂、防腐剂等会影响皮肤的正常代谢功能，导致肤色暗沉、色素沉淀。

常用的卸妆产品对比

品类	优缺点	备注
卸妆水	优点：清爽 缺点：搭配化妆棉使用，会给皮肤带来摩擦，损伤皮肤屏障	干性、中性、油性皮肤适用
卸妆油	卸妆油采用的是"油卸油"原理，用卸妆油溶解彩妆中的油脂 优点：卸妆效果好，可以完全溶解彩妆 缺点：有些油腻感，需要反复清洗才能干净	干性、中性皮肤适用，油性皮肤和暗疮皮肤慎用 选购卸妆油时，尽量避免含有强力清洁活性剂的产品。卸妆后，尽量用温和的洗面奶洁面
卸妆湿巾	优点：使用便捷 缺点：质地硬，容易擦伤皮肤	卸妆湿巾内可能会含有防腐剂等刺激性成分，尽量在旅行或外出时偶尔使用
卸妆膏（霜）	优点：卸妆彻底、温和无刺激、净化毛孔、减少黑头粉刺 缺点：卸妆效果不及卸妆油	油性皮肤、混合性皮肤适用 亲水性：可以用水冲洗 亲油性：必须擦拭干净
卸妆凝胶（卸妆凝露）	优点：舒缓皮肤、提亮肤色、低刺激性 缺点：容易糊眼睛，卸妆能力欠佳	年轻人及敏感性皮肤适用
卸妆乳	优点：清洁能力强，能够温和地清除彩妆及污垢 缺点：略显油腻，有时需要二次清洁	油性、干性皮肤适用
卸妆泡沫	优点：温和 缺点：卸妆力度不是很大，对一些防水或浓妆的卸除效果不是很理想	中性、干性皮肤适用

卸妆的步骤

卸妆的正确顺序：先彩妆后底妆。

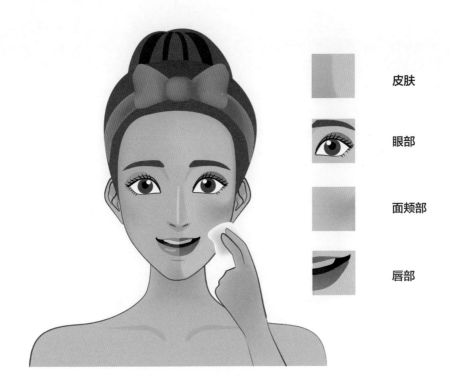

皮肤

眼部

面颊部

唇部

眼部卸妆

1　如果有假睫毛，要先用化妆棉蘸适量的卸妆油，卸掉假睫毛。然后用干净的棉棒蘸取化妆油，闭上眼睛，从睫毛根部开始，逐步往下擦拭。之后，再用同样的方法擦拭另一侧，卸掉睫毛膏。

2　用干净的手，取一块化妆棉，用水润湿，然后挤一下水分后再涂上眼部专用卸妆液，然后用化妆棉盖住眼睛周边皮肤，轻轻按压片刻，等卸妆液将眼部彩妆溶解后，再轻轻抹去。

3　用棉棒来擦拭下眼皮的残留彩妆，需要注意的是擦拭下眼线时，眼睛要向上看。

面部卸妆

卸妆水　将化妆棉润湿后，用化妆棉反复蘸取化妆水，由内而外地擦拭 2~3 次，直到化妆棉上不再有粉底的颜色。最后用温水冲洗干净。

卸妆油

1　取适量的卸妆油，干手干脸的情况下在面部进行充分按摩 1 分钟，这样有利于彩妆和卸妆油的融合。

2　再加水乳化，以打圈的方式按摩 1 分钟，便于皮肤内污垢的排出。

3　用清水冲洗干净，注意水温不宜过高，控制在 25~35 摄氏度。

卸妆乳（霜）

1　首先取一小勺的量放在手心，用体温温热后，分别在额头、下颌骨、两颊、鼻头这五个位置进行涂抹。

2　将食指、中指、无名指并拢后用指腹部以画圈的方式进行按摩。需要注意的是，要从内而外，力度不要过大。

3　用温水冲洗干净。

面部泡沫

1　保持手部皮肤和面部皮肤都处于干燥状态，取适量泡沫均匀涂抹在面部，注意鼻翼等细节处。

2　泡沫涂抹均匀后，以打圈的方式按摩脸部，促进彩妆溶解，彩妆溶解并自然浮出再按摩 30 秒后用清水冲洗干净。

孙大夫有话说

　　唇部皮肤没有皮脂腺，无法分泌油脂，如果卸妆不彻底，使口红日积月累地留存在嘴唇缝隙里，导致唇部皮肤代谢异常，不仅使嘴唇颜色看起来不正常，也会加深唇纹。

　　很多人不太注意唇部的清洁工作。其实，唇部皮肤清洁工作必须要做到位，这是护理唇部非常重要的第一步。尤其是爱涂口红的人。

　　唇部卸妆的具体步骤详见第四章唇部护理部分。

去角质，可以让皮肤的"食欲"大增吗

为什么要去角质

角质层是皮肤表皮的细胞，是由基底层慢慢移动到皮肤最外层的。去角质是指去除多余的皮肤表层的"死皮"，这样就可以促进角质代谢功能，增加角质层的透明度，改善皮肤的触感，有利于护肤品中有效成分的渗入。

如果不去除多余角质的话，已经老化的角质细胞会继续留在皮肤表层，可能会使皮肤看起来灰暗、无光泽。

去角质的主要方法

去角质的主要方法分为物理磨砂法、化学腐蚀法、生物酶解法。

产品分类	特点	效果
物理磨砂法	通过磨砂膏、磨砂手套、洁面刷去除	不刺激皮肤，相对温和。但由于磨砂不均匀，还可能留下划痕
化学腐蚀法	通过表面活性剂和酸腐蚀去除，具体分为果酸类和水杨酸类	去角质效果好，能够促进真皮层内胶原纤维生长，还能去除黑斑
生物酶解法	通过酶溶解角质蛋白，使角质层剥离	刺激性小，温和，但效果差

哪类皮肤适宜去角质

油性皮肤、混合性皮肤可以去角质。需要注意的是，混合性皮肤最好选择 T 形区油脂分泌比较旺盛的区域去除角质即可，像面颊部油脂分泌相对正常的区域就不适合去角质。

另外，如果皮肤出现了痤疮、毛囊受阻，也可以去角质。

去角质的频率

角质层是皮肤的天然屏障，所以去角质时不要过度清洁，这是最基本的原则。有些人过分追求皮肤的质感，去角质的频率过高，剥脱过度，突破了表皮代偿限度，就会导致皮肤天然屏障受损。这样一来，皮肤不仅会变得敏感、干燥、脱屑，还会加重黄褐斑、玫瑰痤疮的症状。

由于皮肤每 28 天会更新一次表皮，所以每个月去 1 次角质就可以。不过，油性皮肤，如果出油量非常大，也可以每 2 周做 1 次。

不同肤质适用的洁面

通过卸妆，可以去除彩妆污垢，接下来要进行的洁面，才是护肤的第一步。不过，洁面用品一定要根据肤质来选择，才能长期使用不伤皮肤。

干性皮肤	不要使用碱性皂、磨砂性质的洁面用品。 最好选择乳、霜质的温和型洁面产品。因为干性皮肤本身角质层就偏薄，需要避免深层清洁。 水温控制在 25 摄氏度左右。
中性皮肤	可以使用磨砂膏或做去角质处理，根据皮肤状态而定，不能过于频繁。秋、冬季节不要使用含碱性皂类的洁面产品，选用有保湿功效的洁面产品比较好。
油性皮肤	选择弱碱性、具有保湿功效的洁面用品。可以使用磨砂膏或做去角质处理，每 2 周 1 次。 水温控制在 35 摄氏度左右。
敏感性皮肤	敏感性皮肤的角质层很薄，要避开碱性配方或果酸浓度高的洁面产品。 可以选择医学护肤品中温和的洗面奶。 水温控制在 30 摄氏度左右。
混合性皮肤	比较油腻的 T 形区可以选择油性皮肤的洁面产品，相对干燥的面颊部可以选择干性皮肤的洁面产品。需要注意的是，不要因为 T 形区出油较多，而频繁的洗脸，过度清洁会造成皮脂膜受损，使皮肤表面干燥而里面油腻，同时还会导致毛孔粗大。

不同皮肤状态适用的洁面

皮肤的状态，不可能是一成不变的，会根据换季或者环境等因素而发生改变。所以，不能总是使用同一款洁面产品，要根据皮肤的具体情况进行更换调整。

🌿 季节不同，洁面产品选择不同

春季：保湿 + 抗过敏

春季的气候偏干燥，气温忽高忽低，这个时期皮脂的分泌也不稳定，再加上花粉、风沙、灰尘的刺激，容易发生皮肤过敏。所以，在春季选择洁面产品时，除了要根据肤质特点外，还要注重保湿和抗过敏。

夏季：清洁毛孔 + 控油

夏季人体会分泌很多汗液，汗液中的盐分会跟皮脂和皮肤脱落的细胞、尘埃等其他物质混合在一起，造成毛孔堵塞。因此，在夏季一定要注重清洁、控油，但也不要为了保持清爽的皮肤状态而过度清洁。过度清洁，会使得皮肤干燥、衰老，免疫力下降。

秋季：保湿 + 滋润

秋季皮肤的汗腺和皮脂腺分泌功能会比夏季弱一些，容易干燥和过敏。所以在秋季选择洁面产品要注重保湿和滋润，预防皮肤干燥和过敏。

冬季：保湿 + 深层滋润

冬季皮肤除了容易干燥外，还容易受到冷刺激。皮脂腺的分泌能力下降，这样会使得皮肤容易粗糙干裂。所以，在冬季要选择具有保湿和深层滋润功效的洁面产品，另外还要搭配保湿霜使用。

🌿 睡眠欠佳，如何选择洁面产品

晚上 11 点到凌晨 5 点是表皮细胞生长和修复时期，如果晚上休息不好，第二天起床后皮肤状态极差。针对熬夜的皮肤，可以选择洁面皂 + 洁面摩丝的组合，来唤醒皮肤的活力。

注意选择洁面皂时，要选 pH 值较低的，这样既不会刺激皮肤又有一定的清洁力。

> **孙大夫有话说**
>
> 洁面皂的原料若是脂肪酸和碱金属盐，属于弱碱性，有一定的去角质功效，洁肤后会有清爽感；洁面皂的原料若是氨基酸，那么属于弱酸性，洁肤后会感到湿润。

含美白成分的洁面产品

为了让皮肤看起来更白，很多人除了使用美白精华外，还会选用含有美白成分的洁面产品。其实，大多标有美白成分的洁面产品，其美白效果并不理想。

🌿 人是这样被晒黑的

酪氨酸酶是一种氧化酶，可以调控黑色素生成。在酪氨酸酶的作用下，如果没有采取防晒措施，黑色素细胞就会被紫外线激活，生成黑色素颗粒。黑色素颗粒会从表皮内部转移到角质层，这样皮肤看起来就会黑。

所以，要想美白，首先要做好防晒。这样酪氨酸酶的作用减弱，黑色素颗粒生成也就减少了。

🌿 含美白成分的洁面产品，到底靠不靠谱

号称有美白功效的洁面产品，如果其中添加了果酸成分，有可能会有美白效果。这是因为果酸能够起到加速老旧角质脱落的效果，促进表皮层的新陈代谢。但其实洁面只是在皮肤停留几秒钟，所以美白作用有限。而且含果酸成分的洁面产品仅适用于健康状态的皮肤，如果在皮肤屏障受损的情况下使用，会刺激皮肤。

洁面产品在皮肤上停留时间过短，即使添加了美白成分，也不一定真的能达到美白效果。因此，不要过于迷信美白成分的洁面产品，因为洁面产品的主要功效是清洁皮肤。

近年来研究发现，烟酰胺和维生素C可以有效阻止黑色素颗粒移行到角质，所以多吃富含维生素C的蔬菜和水果，再搭配使用有烟酰胺成分的美白精华液可能起到一定的美白效果。

纯植物性洁面产品

到底有没有真正的"纯植物性"洁面产品

有些洁面产品宣传"所有成分都是植物性的，纯天然无刺激，安全性能高，不易过敏"。这样的宣传容易给消费者产生误导，使人们认为"纯植物"就是不添加任何人工合成的化学原料，没有任何酒精、色素、防腐剂、香精。

事实上，这种情况并不太容易实现。您可以看一下购买的洁面产品的成分表，里面虽然有列出添加的从植物中萃取的一些有功效物质，但同时还是含有化学物质，并非是真正的"纯植物性"配方。

另外，从植物中萃取提炼有效的营养成分的过程非常复杂，也需要化学物质的参与，有些成分需要化学合成才能得到。例如，一款以皂化配方的洁面乳液，宣称其主要成分是椰子油，是纯植物配方，没有任何添加剂和防腐剂。事实上，椰子油必须跟强碱在一起发生反应，才能皂化成洗面乳。强碱并不属于植物范畴。

因此，所谓的"纯天然"产品不过是添加了植物萃取成分而已，仍然会添加香精、防腐剂、丙二醇、去离子水等化学原料。

**孙大夫
美肤妙计**

用毛巾洗脸的技巧

材质的选择
选择纯棉或者竹纤维（对皮肤的刺激更小）的材质。

如何选择毛巾的大小
毛巾不用特别大，方形的毛巾即可，太大的话女孩子拧毛巾的时候比较吃力，所以不用刻意选择过大的毛巾。

温水洗脸的细节
①先将毛巾用温水打湿，不要拧的太干，拧的半干不湿的时候将毛巾贴于面部，在脸上温敷几秒钟，在这个温敷的过程中，脸上的油或者脏污就已经洗掉了；②再次打湿毛巾，还是用温水，把毛巾拧的干一些，然后擦掉脸上的水，注意把眼睛周围好好擦一下，顺带擦拭脖子和手；③使用擦脸油，将擦脸油挤到手心，然后利用手心的温度揉搓护肤品后均匀涂抹于面部。

第 2 章 零基础学护肤，恢复皮肤再生力

43

保湿，你的方法对了吗

　　保湿对于皮肤护理来说，既是基础又是重中之重。如果皮肤保湿能力欠佳，就会影响皮肤屏障功能，继而导致保湿能力继续下降，由此形成一个恶性循环。所以，保湿可以维持正常的皮肤屏障功能，利于皮肤健康。

如何选择皮肤保湿剂

　　保湿剂既可以改善皮肤的干燥状态，又能预防皮肤受损和促进受损皮肤修复，是皮肤护理中必不可少的护肤品。

🌿 皮肤保湿剂的作用机制

　　皮肤保湿剂的主要活性成分包括封闭剂、吸湿剂和皮肤屏障修复剂三类。

封闭剂　　封闭剂的成分主要是油脂，涂抹后在皮肤表面形成一层封闭的薄膜，能够有效防止皮肤表面水分流失，如液状石蜡、硅油、凡士林、硅树脂、玻尿酸、大分子胶原蛋白、动物油等。

特别提醒

　　1.液状石蜡是最有效的封闭剂之一。

　　2.硅油具有不油腻、无味、较少引发过敏及痤疮的特点，较多用在保湿剂中。

　　3.硅树脂多用于"无油配方"的保湿产品中。

　　4.羊毛脂容易引起接触性皮炎，气味也不太好。

吸湿剂

吸湿剂是能够吸收水分的物质，可以把从真皮层及外界吸收的水分，储存在角质层中，如甘油、丙二醇、蜂蜜、尿素、山梨糖醇、吡咯烷酮羧酸、动物胶、透明质酸、维生素及蛋白质、乳酸钠、吡咯烷酮烯羧酸（PCA）等。

特别提醒

由于吸湿剂既可以吸收空气的水分，也能吸收皮肤真皮层的水。一般情况下，如果环境湿度大，皮肤周围湿度达到70%以上的话，吸湿剂就会吸收空气里的水分；如果环境相对比较干燥，吸湿剂就会从真皮层吸收水分。

实际上，环境湿度很难达到70%以上，为了避免真皮层失水，需要将吸湿剂和封闭剂同时使用，才能达到保湿效果。例如，甘油不能单独使用，必须要跟封闭剂一起用。另外，甘油的浓度也不易过高，10%~20%比较合适。有人喜欢用开塞露作为保湿剂是不可取的，因为开塞露的甘油浓度比较高，涂抹到皮肤上，容易吸收真皮层的水分。

皮肤屏障修复剂

皮肤屏障修复剂主要是添加各种与表皮、真皮成分相同或相似的"仿生"原料，能够有效地补充皮肤天然成分的不足，有很好的保湿效果，具有修复皮肤屏障的作用，如天然保湿因子、神经酰胺、透明质酸、胶原蛋白等。

特别提醒

皮肤屏障处于健康状态下，根据保湿需求，可以任选含有封闭剂、吸湿剂和皮肤屏障修复剂这三种成分的保湿剂；当我们的皮肤屏障出现问题、无法锁水保湿时，就需要使用皮肤屏障修复剂进行补救。

需要注意的是，如果搭配使用封闭剂、吸湿剂和皮肤屏障修复剂，一定要注意先后顺序。要优先使用皮肤屏障修复剂进行皮肤修复，然后再涂抹封闭剂或吸湿剂。

第 2 章 零基础学护肤，恢复皮肤再生力

● 如何判断保湿剂的品质

品质较好的保湿剂能够给皮肤提供长时间的湿润感觉，使用后皮肤湿润、光滑、有弹性。

判断保湿剂的品质，有一个最直观的方法，就是在皮肤上试用一下，如果皮肤的感觉很舒适，没有过敏和刺激性，就是适合你的保湿剂。

● 皮肤保湿剂的剂型

不同肤质对保湿剂的需求也不同，因人而异。

剂型	特点	适宜季节	备注
保湿水	水样	一年四季均可使用	一般遵循水→乳→霜的使用顺序
保湿乳液	半液体半固体剂型，水分含量高，可以瞬间滋润皮肤，偏清爽	适宜夏季使用	中性、混合性、油性皮肤均可使用 滋润型适宜干性皮肤；清爽、平衡型适宜油性、混合性皮肤
保湿霜	半固体剂型，水分含量比保湿乳液少。质地厚重，滋润缩水效果佳 保湿霜一般分为日霜和晚霜。日霜具有保湿、抗皱等作用；晚霜滋润度比日霜高，利于夜间皮肤修复	适宜秋、冬季或天气干燥时使用	中性、干性皮肤较为适用
保湿精华	透明水样，有点黏稠	一年四季均可使用	精华液可以渗透到真皮层，不宜单独使用，必须与其他保湿产品搭配使用

保湿水

保湿乳液

保湿霜

保湿精华

皮肤保湿的通用妙招

妙用保湿喷雾，避免越喷越干

保湿喷雾属于成分较单一的保湿产品，主要由水和水溶性护肤成分组成，由于其使用便捷、不破坏妆容，使用后会有清凉、舒爽的感觉，因此非常受上班族、电脑族欢迎。

但是，保湿喷雾长期使用不当，不仅不会缓解皮肤干燥压力，反而会越喷越干。

这是因为在干燥的环境中使用保湿喷雾，水分会快速蒸发，无论是皮肤表层还是皮肤内部的水分都有可能被干燥的空气吸收。所以，为了使皮肤不失水，在使用保湿喷雾给皮肤补水的同时，一定要使用保湿霜"锁水"，这样才能够起到保湿作用。

另外，使用保湿喷雾的频率要恰当，每天 3 ~ 5 次即可。

多喝水

水是人类必需营养素，成年男性水分约占体重的 60%，成年女性占体重的 50% ~ 55%。如果体内缺水，会对皮肤影响很大，所以，每日保证足量的饮水，才能有效地保证皮肤补水。

《中国居民膳食指南》推荐，在温和气候条件下生活的轻体力活动的成年人，每日最少饮水 1500 毫升，按照普通杯子 200 ~ 250 毫升的大小来算，每天应喝 7 ~ 8 杯水。

成年人每日最少饮水 1500 毫升

● 营养均衡，助力水润皮肤

在日常饮食中，可以多吃富含蛋白质、维生素 A 的食物，如牛奶、动物肝脏、瘦肉、西蓝花、胡萝卜等。充足的营养，可以有效地保证皮肤的水润状态。

● 充足的睡眠

睡眠是人类日常生活中必不可缺的活动，良好的睡眠既可以使身体健康、心情舒畅，又可以让皮肤健美，因为充足的睡眠不仅可以让器官在夜间充分自我修复，还可以让细胞充分再生，晚上睡觉的同时你的细胞偷偷地在更新，这样就可以有效地预防皮肤干燥松弛。但是美容觉虽好也不要贪多，一般每天 8 小时就够了，过多的睡眠可能会让人面部水肿。

● 防晒

紫外线会使皮肤表皮细胞增殖过快，生成过多的自由基，使皮肤含水量下降，破坏皮肤屏障。因此，在日常皮肤护理的基础上，一定要注重防晒。尤其是肤色较浅的干性皮肤，更容易受到紫外线损伤，更要做好防晒措施。

● 在医生的指导下使用抗氧化剂

抗氧化剂可以清除自由基，降低其对胶原蛋白、透明质酸和弹力蛋白的分解，保持皮肤年轻、水润的状态。因此，可以在医生的指导下抗氧化。

特别提醒

给皮肤补水千万不要"过分"

给皮肤适当补水，可以让皮肤的角质层变得湿润、不紧绷，但是注意千万不要过度补水，有的人为了给皮肤多补水，一片面膜敷半个小时，有的甚至贴一晚上（免洗面膜除外），但这样的做法是不可取的。因为面膜敷在脸上的时间过长，不仅会吸收脸上的水分，而且还会导致皮肤的屏障受损，可能引发皮炎、脱皮等不良反应。因此千万不要给皮肤过度补水。

养好皮肤　年轻20岁

干性皮肤怎么保湿护理

皮肤的角质层在正常情况下含水量会保持在 10% ～ 20%，而干性皮肤角质层的含水量却在 10%以下。这样一来，因为角质层缺水，干性皮肤比其他类型的皮肤更容易干燥、脱屑、长皱纹和皮肤松弛。如果是极度干燥的皮肤，其皮肤会更加脆弱，经受不起任何外界的刺激，风吹日晒、冷气等因素都会导致过敏。

所以，极度干燥的皮肤一定要注意补水保湿！

✐ 干性皮肤，如何做好保湿措施

干性皮肤补水，一定要选择有滋润效果的保湿产品，此类产品中的水分和油分能够滋润皮肤，减少水分流失。按照水→精华→乳→霜的顺序，进行保湿护理，效果更好。

补水，可以使皮肤表层湿润起来，然后使用精华，渗透到真皮层，接着再用乳液和面霜锁水。补水搭配锁水，能够有效减缓皮肤水分的蒸发，有效保湿。

每周可做 1 ～ 2 次保湿面膜，强化皮肤保湿效果。

特别提醒

干性皮肤护理注意事项

皮肤长时间暴露在干燥的环境中，会失水过多。如果室内环境过于干燥的话，一定要使用加湿器，以利于增加皮肤角质层含水量。

干性皮肤在选择洗面奶时，要选择偏中性的、泡沫不是很多的洗面奶，尽量选择有保湿功能的洗面奶，这种洗面奶可以保证洗后一段时间不紧绷，能预留出更多的时间涂抹护肤品。

尽量避免使用含有果酸成分的护肤品，使用含有月见草油、琉璃苣种子油等成分的护肤品有助于修复皮肤屏障。如果选用医学护肤品，不要自我诊断，最好在皮肤科医生的指导下使用。

油性皮肤怎么补水保湿

🍃 油性皮肤，到底需不需要补水保湿

皮肤偏油，时刻受到出油的困扰，所以很多油性皮肤的人会选择过度清洁的方式来控制出油，却忽略了保湿的重要性，使得皮肤长期处于缺水状态。

其实，控油和保湿，对于油性皮肤来说，同等重要。因为油脂是皮脂腺分泌的，而皮肤角质层是"皮肤大水库"，二者均为皮肤屏障，所以在控油的同时，千万不要忘记及时给皮肤角质层补水。

🍃 油性皮肤，如何进行补水保湿

油性皮肤，要以清洁为主，定期去角质。之后再通过收敛水及保湿乳液来对皮肤进行润泽，减少水分的流失，形成皮肤锁水保护膜。

特别提醒

油性皮肤补水注意事项

不要过多使用碱性强的洗面奶及去角质产品，避免破坏皮肤屏障。

控制清洁频率，以皮肤不油腻、不干燥为衡量标准。因为过度清洁会导致角质层脱脂而受损。

尽量选择含水量高、油脂少的清爽型保湿产品。

混合性皮肤怎么补水保湿

混合性皮肤，为什么需要区别对待

混合性皮肤通常是油性皮肤和干性皮肤结合体。一般情况下，"T形区出油"——额头和鼻子的皮肤油脂分泌相对多一些；"U形区不油"——面颊部皮肤会比较干燥。

如果选用去油脂能力强的洁面产品，可能会对T形区有改善，但同时会加重U形区的干燥程度；如果在护肤时采用大量补水保湿产品，又有可能造成U形区的皮肤问题。

因此，面部有这两种不同的皮肤状态的混合性皮肤，需要区别对待，根据不同部位的皮肤肤质特点，对症护理。

混合性皮肤，如何进行补水保湿

T形区

补水保湿前，先要做好清洁功课，如果T形区出油量大，可以多洗一次脸。然后选择质地清爽、含油量较低的乳液、保湿凝胶或保湿精华液进行补水保湿。另外，还可以对T形区进行去角质护理。

U形区

U形区皮肤相对干燥，角质层含水量低，没有多少油脂，所以为了避免皮肤水分的流失和脱皮起屑，在进行补水保湿时要使用含有油脂的乳液或保湿霜。

尤其是秋、冬季节，为了使皮肤水润不干燥，可以选用质地厚重的保湿霜。

特别提醒

混合性皮肤护理注意事项

混合性皮肤在春、夏两季油脂分泌量比较高，在护理方面要注意保持皮肤清爽和收敛毛孔；秋、冬两季则要注重保湿和滋润。

防晒，一年四季都有用

皮肤老化杀手——紫外线

紫外线会对皮肤造成危害，如果在没有防护的情况下长时间暴晒，会引起皮肤黑化、老化、红斑反应、免疫功能异常，严重者甚至会诱发皮肤癌。

紫外线分类

长波紫外线（UVA）	波长为320～400纳米，能够穿透表皮及真皮各层，会晒黑皮肤，引起皮肤松弛及皱纹
中波紫外线（UVB）	波长为280～320纳米，能够穿透到表皮及真皮浅层，引起晒伤（红斑、水疱、色斑）
短波紫外线（UVC）	波长为100～280纳米，被臭氧层吸收，不会到达地面

紫外线指数分级

紫外线指数指的是当太阳在天空中的位置最高时（中午前后，即从上午10时至下午3时的时间段里），到达地球表面的太阳光线中的紫外线辐射对人体皮肤的可能损伤程度。

一级（最弱）	二级（弱）	三级（中等）	四级（强）	五级（很强）
紫外线指数值 0～2	紫外线指数值 3～4	紫外线指数值 5～6	紫外线指数值 7～9	紫外线指数值 10～15
不需要采取防晒措施	可以适当采取一些防护措施	户外活动时戴好遮阳帽、太阳镜和遮阳伞。涂擦防晒护肤品	10：00～14：00 不暴露于日光下	尽可能不在室外活动，必须外出时，要采取有效的防护措施

防晒，究竟怎么做才不会出错

为了让皮肤保持健康状态，一定要做好正确的防晒措施。

正确的防晒措施

世界卫生组织提出以紫外线指数（UVI）表示日光紫外线强度，UVI 数值越高对皮肤和眼睛的伤害就会越大。

一般情况下，中午是一天中 UVI 最高的时段；春末和夏季是一年中 UVI 最高的季节。另外，高层建筑的墙面、马路、幕墙玻璃、雪地、沙滩都会反射紫外线，从而增加 UVI 值。

因此，注意避免在紫外线指数高的时候进行户外活动。

遮挡性防晒

遮阳伞、遮阳帽、防晒服

此类织物防晒用品，最好选择有防晒涂层、织纱密度高、颜色深的，防晒效果好。

需要注意的是，遮阳帽的帽檐边长不宜过短，要在 7.5 厘米以上，防晒效果才理想。

太阳镜

太阳镜可以有效预防急慢性光损伤。

尽量选购覆盖全部 UV 的太阳镜，并尽量减少蓝光和紫光透过；镜片颜色不宜过深，避免影响视觉；镜面要足以遮盖眼睛和眉毛。

特别提醒

国家质量监督检验检疫总局颁布的2009版《纺织品 防紫外线性能的评定》中规定，当样品的UPF（紫外线的防护系数）大于40，且UVA_{AV}（透过率）小于5%时，可称为"防紫外线产品"。购买防晒服时，请一定要关注此类数据。

涂抹防晒化妆品后，可以利用对光的吸收、反射或散射，进而保护皮肤免受紫外线伤害。防晒化妆品主要分为无机防晒剂（物理性 UV 屏蔽剂）、有机防晒剂（化学性 UV 吸收剂）、抗氧化剂三类。

🔹 口服系统性光保护剂

通过口服食物补充剂或药物，可以减轻光损伤。

系统性光保护剂	具体分类	备注
食物补充剂	胡萝卜素类：β 胡萝卜素、花青素、番茄红素、叶黄素等	有些食物具有光感性，如果需要在阳光下长时间活动，应避免食用，如灰菜、茴香、苋菜、芹菜、无花果、芒果、菠萝、木瓜等
	多酚：类黄酮、白藜芦醇、青石莲萃取物、益生菌、硒、大豆异黄酮、巧克力、咖啡因、必需脂肪酸等	
药物	维生素 C、维生素 E、烟酰胺、非甾体抗炎药（阿司匹林、布洛芬、吲哚美辛）、抗疟药、糖皮质激素等	避免服用四环素类、喹诺酮类、雌激素类、马来酸氯苯那敏、苯海拉明、维 A 酸类等光感性药物
	黑素细胞刺激素（ー MSH) 类似物通过使皮肤黑化减少日光照射损伤，是新型的系统性光保护剂	

注：引自《皮肤防晒专家共识》（2017）[J]. 中华皮肤科杂志，2017，50（5）：317-320。

四季防晒，区别大吗

防晒是不分季节的，一年四季都要防晒。

🔹 春季防晒

在阳光明媚的春季，很多人喜欢晒太阳，觉得光线不刺眼，晒在身上也是暖洋洋的。

其实，紫外线指数在春季是逐渐上升的，尤其是春末紫外线指数较高。因此，春季在户外活动时，要做好防晒，戴遮阳帽或打遮阳伞。

🍃 夏季防晒

夏季的紫外线指数是一年中最高的，大家也非常重视夏季的防晒。防晒装备也是最齐全的，防晒霜、防晒服、遮阳帽、防晒口罩都会使用上。

但是，在夏季的阴雨天，人们往往会误认为没有什么阳光就不用防晒。其实，即使在阴雨天，也要做防护，因为这种天气虽然紫外线强度不比晴天，但并不代表没有紫外线。

🍃 秋季防晒

秋高气爽，紫外线指数虽然比夏季有所下降，但随着冷空气的到来，天空会更加通透，即使在阴天，紫外线的杀伤力仍然很强。所以秋季千万不能对防晒有"松懈"。

另外，即使在车内也要涂防晒霜，因为紫外线会透过玻璃折射到你的皮肤上。

🍃 冬季防晒

冬天的紫外线虽然强度下降，但是减少的只是可能晒伤皮肤的中波紫外线，导致皮肤老化长斑的长波紫外线并未降低。因此，在冬季，户外活动仍要注意防晒。可以选择防晒指数低的防晒霜。

另外，由于冬季本来天气就比较干燥，在涂抹防晒霜前一定要做好保湿，不然干燥的皮肤直接涂抹防晒霜不仅容易影响防晒效果，还会加速皮肤的老化。

晒后修复，怎么办

如果防晒措施没有做好，会出现晒伤、晒黑、晒后皮肤发痒出疹等后果。一般情况下，浅肤色的人容易被晒伤但不易晒黑，深肤色的人容易晒黑但不易晒伤。

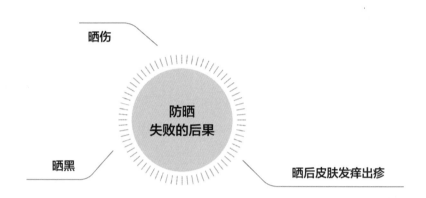

晒伤

晒黑   防晒
                          失败的后果   晒后皮肤发痒出疹

🍃 晒伤

晒伤又称日光性皮炎，是由于被强烈日光照射后，经过暴晒的皮肤发生的急性光毒性反应。浅色肤质、儿童、女性本身皮肤就比较薄、嫩，所以很容易被晒伤。晒伤后的皮肤会出现鲜红色的红斑，皮肤受损严重的情况下还会出现红肿、水疱。

晒伤处理

被日光晒伤后，最好的办法就是冷湿敷。可以用冷毛巾或冷藏过的面膜进行冷敷。如果晒伤比较严重，可以用冰袋或3％硼酸溶液进行湿敷，然后在晒伤部位涂抹炉甘石洗剂或糖皮质激素，注意炉甘石洗剂使用前需要摇匀。

晒伤面积比较大的话，可以用冷水淋浴，给皮肤降温。另外，还要多喝水。及时补充水分，可以辅助修复晒伤的皮肤。

如果晒伤处出现大面积水疱，可以挑破，放出疱液后，涂抹一些油剂或抗生素保护创面，并及时就医。

还有的人被晒得脱皮了。请千万记住，不要把皮撕下来，要等待皮肤自然脱落。

如何预防

1. 正确使用防晒霜。防晒霜的正确使用方法参见绪论部分。

2. 适当参加户外活动，增强皮肤对日晒的耐受能力。

3. 一般情况下，从上午10点到下午2点日照比较强烈，这一时间段如果在室外的话尽量做好防护措施。如果本身就对日光敏感，更要提前做好防晒。

晒黑

晒黑是因为体内黑色素受到外界刺激而产生的一系列复杂生化作用的结果。晒黑后并没有什么好办法可以让皮肤迅速白回来。这是因为皮肤的表皮角质细胞从形成到脱落需要 28 天左右，所以要想让皮肤恢复，至少要等待几个星期。但由于受肤质、体质等方面的影响，有的人需要好几个月才能恢复。

晒黑后处理 •————

1. 注意防晒，离开暴晒的环境，及时用凉水给皮肤降温。
2. 可以每日敷用保湿面膜，或者使用含有熊果苷或氢醌成分的医学护肤品。
3. 口服具有抗氧化作用的药物（维生素 C、维生素 E）。
4. 进行医美治疗，如光疗嫩肤美白、果酸换肤、"黑脸娃娃"等。需要注意的是，这些医美项目可能会对晒黑的皮肤有修复作用，但对于"天然黑"的皮肤效果不大。

日晒后皮肤瘙痒发疹

日晒不仅会给皮肤带来永久性皱纹和皮肤癌的风险，还会给皮肤带来瘙痒发疹的烦恼，也就是医学上讲的"多形性日光疹"。

多形性日光疹一般好发于裸露的皮肤，如面部、颈部、前臂及手背部位。通常会在日晒 1 小时内感觉瘙痒，几天之后逐步出现小丘疹、丘疱疹，也可能是水肿性红斑。

多形性日光疹会间歇性反复发作，尤其在阳光较为强烈的春、夏季节发病较多，中青年女性居多。

为避免复发，要做好预防措施 •————

1. 避免暴晒。
2. 不要食用光敏性食物及药物。
3. 光敏性食物容易引起日光性皮炎，因此要尽量少食用，如灰菜、苦菜、芹菜、香菜、芥菜、油菜、茴香、菠菜、莴苣、野菜、芒果、菠萝、柑橘、柠檬等蔬果。另外，泥螺也尽量少吃。
4. 在阳光不太强的季节，进行预防性光疗，增强皮肤对紫外线的耐受力。

不同年龄的护肤秘籍

15 岁，极简护肤

● 皮肤特点

15 岁处于青春发育期，皮肤含水量高，出油多，也没有色斑的困扰，看起来均匀一致。

● 需要特别关注的问题

可怕的"膨胀纹"出现了

由于你的身体发育速度很快，而皮肤生长相对缓慢导致被撑开了，被称为"膨胀纹"。长高加快引起的是横向膨胀纹，如果这时候发胖，则引起的是纵向膨胀纹。

青春期的男孩女孩都有可能出现"膨胀纹"，不过女多男少。

一般男孩多出现在大腿的内外侧及腰骶部，而女孩多出现在下腹部、大腿、臀部、乳房等脂肪较多的地方。

> **应对策略**
>
> 如果已经出现轻度"膨胀纹"，需要控制体重，不要在短时间有很快的体重增长，横向膨胀纹需要经常局部按摩皮肤并外用大量润肤剂，加强局部皮肤的弹性。

粉刺和青春痘

青春期的你由于激素水平变化，皮肤上可能会出现粉刺和青春痘，这大概是困扰很多人的问题。

> **应对策略**
>
> 这个时候，如果乱抠乱挤，会给皮肤造成瘢痕。可以去医院皮肤科，请医生来帮忙消除这些烦恼的青春痘和粉刺。

皮肤变油腻、粗糙

鼻子跟额头部分的皮肤会变得油腻，不太好清洁。

> **应对策略**
>
> 最好在皮肤科医生的建议下，分清自己的肤质特点，选对护肤品，另外还需要注意清洁频率。

◢ 日常护理原则

注意清洁

清洁皮肤尽量选择刺激性小的洁面产品。如果出油不是特别多，建议用毛巾＋温水的方式洗脸，实在是油得看不下去，再使用洗面奶，注意洗面奶也不建议每天用，1~2天用一次即可。

注意防晒

如果外出太阳暴晒，出门前也要做好防晒。建议选择物理防晒与化学防晒相结合的方式，如遮阳帽、防晒衣、遮阳伞、太阳镜等。如果觉得紫外线过于强烈，可以适当涂抹防晒霜。

注意保湿

虽然这个年龄段的皮肤含水量比较高，但由于皮肤的坚韧性和角质层还比较脆弱，保湿功能不完善，所以要注意用保湿霜来呵护皮肤。尤其是在干燥、寒冷的季节，不想皮肤干燥受损，最好做好保湿措施。需要注意的是，选用一般的保湿霜就好，没有必要用有特殊功效的医学护肤品。

特别提醒

不要使用面膜
面膜的补水保湿功效不错，但不太适合15岁的皮肤，因为这个年龄段皮肤本身含水量是丰富的，一般不需要额外的补水。

不要尝试整形
有的女孩想要尝试拉双眼皮、隆鼻，让自己变得更漂亮。其实，在发育年龄阶段，不适合做这些整形手术。

不要化妆
彩妆，可以增加美感。但彩妆可能会导致皮肤过敏。所以这个年龄，追求自然美就好，清水出芙蓉，自然去雕饰。

第2章 零基础学护肤，恢复皮肤再生力

25 岁，抗初老

● 皮肤特点

18～25 岁，是皮肤最滋润、光滑的时期，可谓是皮肤最有魅力的时期。但是，本阶段也要注意呵护。

● 需要特别关注的问题

透支皮肤健康

外出前还是要注意防晒，平时不要熬夜，饮食要合理。不恰当的行为会透支皮肤的"年龄"，导致皮肤提早衰老、长斑、长细纹。

┌─ 应对策略 ●────────────────────────────────

尽量不要抽烟

抽烟时，燃烧的烟雾中的尼古丁、焦油成分不仅会影响皮肤中胶原蛋白的合成，还会影响皮肤的自我修复功能，导致皮肤提早衰老；吸烟的动作，导致口周形成放射性皱纹；吸烟会导致皮脂腺分泌旺盛，使皮肤油性过多。

少熬夜

经常熬夜，不仅会导致皮肤上长痘痘，还会导致面部长出片状黄褐色斑块。有研究发现，长期睡眠不足，还会导致皮肤松弛、面部长细纹、皮下脂肪流失。

禁止暴饮暴食

暴饮暴食，常吃过量且重口味的食物，既对皮肤美容有影响，又容易诱发胃肠道疾病。

没有进行皮肤的分型管理

虽然这个年龄皮肤状态比较好，不需要太多的护理，但是仍然要在细节上加以注意。

要根据皮肤的类型，进行针对性护理，让皮肤更长时间保持在较好的状态。

皮肤分类	护肤	面膜	护肤特别提醒
干性	使用保湿效果好、高油脂类的霜类护肤品	选择保湿效果好的面膜，贴敷时间在 10~15 分钟，每周 1 次	保湿、滋润、防晒为主
中性	春、夏季：水包油型的保湿乳液 秋、冬季：保湿、滋润型的保湿霜	春、夏季使用保湿为主的面膜；秋、冬季使用控油为主、保湿为辅的面膜，贴敷时间在 5~15 分钟，每周 1 次	保湿为主，控油为辅
油性	使用控油保湿的水包油乳剂、凝胶护肤品	选择控油效果佳的面膜或冷导膜，贴敷时间在 10~15 分钟，每周 1~2 次	保湿、控油、防痤疮

注：引自何黎，李利. 中国人面部皮肤分类与护肤指南［J］. 皮肤病与性病，2009（4）：14-15。

日常护理原则

注意防晒

如果不做好防晒，每日让皮肤裸露在阳光中，这样做不仅会使皮肤晒黑、变得粗糙、长色斑，还会导致皮肤提早衰老。因此，随时都要做好"防晒功课"。

另外，在防晒方式的选择上，防晒服＞防晒霜＞遮阳伞。

常在户外活动，更要注重皮肤清洁问题

目前，空气污染是不可避免的世界性问题。污浊的空气中漂浮着各种污染物，对我们的皮肤造成一定的伤害。因此，如果经常参加户外活动的话，要做好面部清洁。

需要注意的是，如果洁面次数较多的话，尽量选择添加了保湿成分的洁面乳，避免过度清洁导致的皮肤干燥。另外，不要使用皂类、磨砂类等清洁用品，过度清洁会导致皮肤屏障受损。

"保湿功课"不可缺

虽然此阶段的皮肤含水量比较丰富，但也不要忽略给皮肤补水的重要性。水润不干燥的皮肤，能够很好地抵抗紫外线的侵袭，延缓衰老。尤其是干性皮肤者，更要做好"保湿功课"。

使用功能性护肤品

可以在医生的指导下使用功能性的护肤品（眼霜、面霜），使皮肤紧致。

35 岁，防细纹

🫛 皮肤特点

35 岁是皮肤成熟的阶段，这一时期过后皮肤开始走下坡路了。皮肤的含水量会降低，胶原蛋白也在逐渐流失，容易出现细小皱纹、色素斑、皮肤松弛等老化现象。

🫛 需要特别关注的问题

预防皱纹

这个年龄段，皮肤上会出现细纹。主要与表皮含水量低有关。在身体过度劳累、熬夜和不舒服时会出现。

应对策略

细纹一般属于暂时性的，不算太严重的问题，在敷完面膜后，有可能会消失。所以，要注意皮肤的保湿，不要让皮肤过于干燥。

另外，平时要注意休息，不要让身体承担过多的负荷，以免影响皮肤状态。

保持正常的体重

这个年龄段的女性身体最大的问题就是新陈代谢变慢，特别是喜欢宅在家里的女性，发胖的速度会更快，腰、臀等部位变胖的速度也会变快。

应对策略

每日三餐按时按量饮食，不要吃过于辛辣、油腻、过冷的食物。早、晚可适量运动，如跑步、仰卧起坐等。

🔍 孙大夫有话说

科学瘦身有妙招

使用小号餐具。心理学家伦纳德说，用小尺寸餐具，把食物分成小份，可有效防止饮食过量。

正餐之前先喝汤或先吃低热量食物。进正餐前先喝汤或先吃低热量食物，可以增强饱腹感，避免过量进食。

细嚼慢咽。人的饱腹感并非完全取决于胃，而是受到下丘脑的食欲中枢和饱食中枢控制。细嚼慢咽，放慢吃饭的速度，既有利于吸收食物中的营养成分，还有助于弥补大脑和胃之间的"反应时差"，在吃饭的过程中达到瘦身的效果。

日常护理原则

避免长时间日晒

强烈的日光，对皮肤中的胶原蛋白和弹性蛋白有很强的杀伤力。很多人由于不注重防晒，长期累积性的日晒使得胶原蛋白大量流失，皮肤过早地出现细纹，进而演化为皱纹。因此，防晒是预防皱纹很关键的一步。

不要吸烟

香烟里的尼古丁可以促进活性氧的产生，破坏真皮层的胶原纤维；烟雾中的一氧化碳与血红蛋白结合，会降低红细胞的携氧能力，造成皮肤缺氧，导致皱纹增加。
吸烟者在烟雾刺激下，经常会做出"眯眼"动作，这样会导致眼部的皱纹产生。另外，吸烟者的口周部会有放射性的纹路，影响美观。
因此，为了让皮肤保持年轻，尽量不要吸烟。

保湿做到位，皱纹长得少

保湿是预防细纹产生的重中之重。皮肤在滋润的状态下，有利于对抗细纹的产生。

按摩皮肤力度不要过大

按摩可以舒缓疲劳和促进面部血液循环，但是长时间的按摩会使得皮肤过度牵拉，这样有可能会导致皱纹产生。

保持仰卧睡姿

侧卧或俯卧，有可能使面部皮肤受挤压，加重鼻唇沟、脸颊和下巴的皱纹。如果很在意皮肤产生皱纹的话，尽量保持仰卧睡姿。

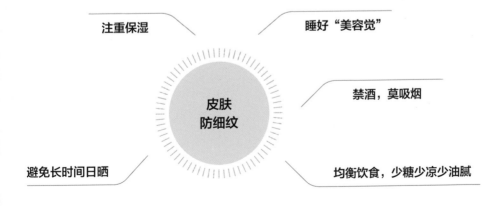

注重保湿　　睡好"美容觉"

皮肤防细纹

禁酒，莫吸烟

避免长时间日晒　　均衡饮食，少糖少凉少油腻

45 岁，防松弛

● 皮肤特点

45 岁左右的皮肤出现了松弛，皮肤开始变薄，含水量和弹性下降，面部皮肤由于重力的原因开始下垂。

● 需要特别关注的问题

皮肤松弛

皮肤松弛是皮肤老化的表现，一般分为自然老化和光老化。

自然老化

随着年龄增长，皮肤逐渐出现衰老现象。表皮细胞的增殖能力降低，新陈代谢下降；角质层含水量下降；真皮中的纤维芽细胞的增殖能力随着年龄增大而下降，这直接影响了胶原蛋白、弹性蛋白和氨基多糖功能。另外，皮下脂肪组织也随着年龄而逐渐减少，降低了皮肤对物理性刺激的抵抗性能，从而导致皮肤松弛。

自然老化的皮肤容易出现细小的皱纹，皮肤变得松弛，同时皮肤干燥、修复功能下降等问题也逐渐显现出来。

光老化

紫外线对皮肤的损害是多种多样的，最主要损害的是真皮内的纤维蛋白，日光照射过多会使皮肤弹力纤维增粗、分叉、变形，甚至丧失，最终导致皮肤松弛、没有弹性；同时也会引起弹力纤维结构发生改变，皮肤张力及韧性变小，导致皮肤松弛，开始出现皱纹。

因为紫外线最直接影响的是暴露部位的皮肤，所以这部分皮肤会出现深且粗的皱纹。

应对策略

1. 做好皮肤的补水保湿，处于这个年龄的皮肤虽然修复能力不如25岁，但皮肤基础的水分还是要注意补充。
2. 日常饮食减少对糖分的摄入，有利于减慢皮肤的老化速度。
3. 每天吃足量的蔬菜和水果，补充维生素。
4. 可以选择医美项目（射频技术等），提升皮肤紧致感。

应对策略

无论是在户外还是在车内、室内，无论是晴天还是阴天，在任何环境中，都要注重防晒。只有阻断了紫外线对皮肤的伤害，才能合理地预防光老化导致的皮肤松弛。

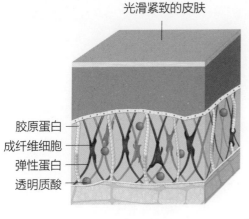

光滑紧致的皮肤

胶原蛋白
成纤维细胞
弹性蛋白
透明质酸

年轻的皮肤

深皱纹

表皮

真皮

皮下脂肪

衰老的皮肤

● 日常护理原则

清洁时，不要用碱性太大的洗面奶

过度清洁皮肤，会导致皮肤屏障受损，损伤角质层的蓄水功能，从而导致皮肤干燥，更容易产生皱纹。

另外，这个阶段的皮肤出油量降低，没有必要选用碱性太大的洗面奶。可以简单地用温水清洗后，用毛巾擦拭干净，然后使用保湿类护肤品，夏季可以选择保湿乳，冬季使用保湿霜。

防晒

一年四季都要做好防晒措施。需要注意的是，如果您有日常戴口罩的习惯，面部可以不用涂抹防晒霜。

55 岁，防干燥

● 皮肤特点

55 岁的皮肤开始变黄、失去光泽，变得干燥，油脂分泌也明显减少。上眼睑会出现明显的下垂和松弛，下巴显得臃肿。

● 需要特别关注的问题

皮肤瘙痒

这个年龄段容易产生皮肤瘙痒。主要是由于皮肤萎缩、变薄，皮脂腺和汗腺能力下降，导致皮肤干燥，皮肤还比较容易受外界刺激影响，由此诱发瘙痒。秋、冬季节容易加重，因为这两个季节气候干燥会加重皮肤的缺水。

另外，皮肤瘙痒还可能是一些慢性病导致，如糖尿病、甲状腺疾病、肾病、肝病、恶性肿瘤等。

应对策略

1. 注重保湿润肤，让皮肤保持一定的湿度和滋润度。洗脸、洗手、洗澡后立刻涂抹保湿滋润功效的护肤品。
2. 在饮食上适量摄入富含维生素A和维生素E的食材，如胡萝卜、动物肝脏、瘦肉等，有助于预防皮肤干燥。
3. 皮肤瘙痒时，不能用力抓，可以用手轻拍瘙痒的地方，否则越抓越痒。

特别提醒

皮肤瘙痒时千万不要用酒精擦拭止痒，因为导致皮肤瘙痒的原因是"干燥"，不是靠酒精消毒能解决的。另外，有的人喜欢用过热的水来清洗皮肤，觉得这样止痒效果好。其实这样做，是大错特错！本身已经干燥的皮肤，皮肤屏障已然不太好，再用过热的水去烫洗，导致仅存的皮脂膜也被破坏了。最后有可能发展为"红皮病"。

📂 日常护理原则

不要过度清洁皮肤

这个年龄段，不要过度使用清洁类产品。因为本身皮肤已经开始干燥了，分泌的油脂并不多，即使不用清洁类产品，用水冲洗也是没有问题的。每次洗脸、洗澡后，一定要注意及时给皮肤补足水分，滋润角质层。

坚持运动

坚持运动，可以保持体重和良好的体态，促进血液循环，增进皮肤新陈代谢，使得整个皮肤状态年轻化。
不过这个年龄段，身体协调和平衡能力已经不及年轻人。为了避免骨关节和肌肉在运动中受损，尽量选择一些运动频率和幅度不大的运动。

防晒

这一阶段也要注重防晒，防止皮肤松弛和老化，以及出现色素斑。

管理面部表情

面部表情过于夸张，大笑或大哭，很容易导致皮肤出现皱纹。

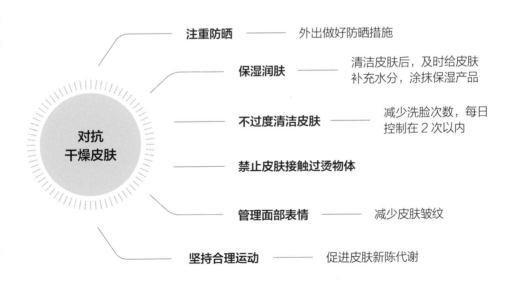

注重防晒 —— 外出做好防晒措施

保湿润肤 —— 清洁皮肤后，及时给皮肤补充水分，涂抹保湿产品

不过度清洁皮肤 —— 减少洗脸次数，每日控制在 2 次以内

禁止皮肤接触过烫物体

管理面部表情 —— 减少皮肤皱纹

坚持合理运动 —— 促进皮肤新陈代谢

对抗干燥皮肤

65岁，对抗老年斑

● 皮肤特点

65岁左右的皮肤，老化程度严重。由于皮脂腺和汗腺分泌减少，皮肤会显得干燥粗糙，皮肤弹性变差，进一步产生皱纹；还会出现色素沉着或者色素减退斑。

● 需要特别关注的问题

皮肤干裂

65岁左右的皮肤由于新陈代谢变慢，油脂分泌不足，皮肤会变得很干燥，特别是秋、冬季节，有的甚至出现足部开裂的现象。

应对策略

洗完澡或者洗完脚以后涂抹润肤乳，如果是在秋、冬季特别干燥的情况下，可以涂抹几天凡士林，感觉不是特别干的时候再换用保湿效果好的润肤乳。

老年斑

老年斑，属于毁容性皮肤病，又称脂溢性角化。

老年斑一般会发生在头面部、四肢、躯干部位。刚开始是小的褐色斑点，但会慢慢变大变厚，高于皮肤。

主要与日积月累的紫外线伤害导致的皮肤老化有关，另外还与家族遗传和更年期女性内分泌异常有关。

应对策略

1. 要多注重防晒，也不能吃过于油腻的食物。
2. 慎重选择医美治疗，选择正规医院的皮肤科，目前比较有效的治疗方法包括光电治疗、冷冻治疗、药物治疗，医生会根据具体情况，来决定治疗方案。
   光电治疗 一般不突出于皮肤的老年斑，可以采用光电治疗（激光或电灼），通过热效应使长斑部位的表皮气化坏死，等新的表皮长出来就好。不过此种方法有色素沉着或留疤的风险。
   冷冻治疗 长得比较厚的老年斑，可以采用冷冻治疗，用零下196摄氏度的液氮冷冻长斑部位。冷冻治疗会有一定的疼痛，治疗后会形成一个水泡。
   药物治疗 如果长斑面积比较大或比较分散，医生会考虑使用内服+外涂的药物治疗。

日常护理原则

注重防晒

日光可以加速皮肤胶原纤维的溶解，所以更要做好防晒，预防皮肤晒伤和老化。

不要使用过热的水

老年人皮肤的感觉功能退化，所以在洗澡时，不要使用过热的水，也不要频繁使用沐浴露，以免把皮肤上微弱的皮脂膜洗掉，使皮肤更加干燥。所以老年人洗澡时，用温水洗即可。

尽量不要使用彩妆

老年人的皮肤免疫功能下降，皮肤屏障功能减弱。因此，尽量不要经常化浓妆，防止彩妆中过多的颜色刺激皮肤。

不要过度牵拉皮肤

皮肤的弹性变弱，如果牵拉皮肤过度可能导致皮下出血和紫癜。所以尽量不要选择拔火罐或者大力度按摩。

多使用保湿类护肤品

老年人皮肤的保湿功能差，所以注意保湿护理即可。

面部 多用保湿霜，可以少用或不用面膜。

身体 沐浴后及时涂抹含保湿成分的护体霜。

少晒

少化妆

"三少一多"，让老年斑来得晚一些

少用过热的水清洁皮肤

多保湿

抗氧化，这些你必须知道

为什么要抗氧化

要想对抗皮肤衰老，肯定是绕不过"抗氧化"。皮肤"抗氧化"就是要对抗自由基，因为自由基是导致皮肤变差的元凶。

自由基存在于人体的细胞中。在超氧化物歧化酶（SOD）、辅酶 Q_{10} 等的控制下，自由基可以帮助人体传递维持生命活力的能量、杀灭细菌和寄生虫、排出毒素。但人体中的自由基超过一定的量，便会失去控制，使蛋白质、脂质、DNA 发生氧化还原反应，这样就会导致皮肤衰老、肤色暗沉。

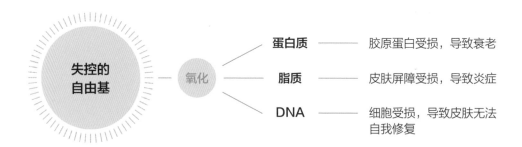

失控的自由基 — 氧化	蛋白质 —— 胶原蛋白受损，导致衰老
	脂质 —— 皮肤屏障受损，导致炎症
	DNA —— 细胞受损，导致皮肤无法自我修复

另外，如果空气污染严重、紫外线指数高，就会加重自由基的氧化程度，使皮肤状态变得更差。

因此，为了延缓皮肤衰老，就要控制自由基，进行抗氧化。但是需要注意的是，抗氧化没必要彻底清除自由基，适度的氧化反应是人体代谢必需的，要清除的只是多余的自由基而已，避免自由基过度积累。

要想真正抗氧化，还得这样做

高效抗氧化，就要从根本上解决问题，即阻止产生多余的自由基和消除已经产生的多余自由基。抗氧化最大的效果是预防，即在皮肤被氧化前做好抗氧化。

使用抗氧化护肤品

使用含有虾青素、维生素 C、维生素 E、葡萄籽提取物、阿魏酸、辅酶 Q_{10}、白藜芦醇等成分的抗氧化护肤品，能够很好地对抗自由基。

通过医美项目进行抗氧化

通过导入或微针注射，抗氧化成分的大分子物质能够绕过角质层进入皮肤，达到抗氧化的目的。

建立良好的生活习惯

保证正常的睡眠时间，不要熬夜。注意防晒。不要有太大压力，积极疏导负面情绪。多吃蔬菜。

少吃糖就能抗糖化吗

🍃 什么是"糖化"

糖化反应是由法国化学家 Maillard 发现的，是在食物加工过程中的褐变现象，即"美拉德反应"，如烧烤、烘焙、煎炸食物时，在高温下产生诱人的香味的同时，会产生棕色或黑色的物质。

"糖化"全称为"非酶糖化反应"，即还原糖（如葡萄糖）在没有酶催化的情况下，与蛋白质、脂质或核酸在经过缓慢的反应后，最终生成一系列的晚期糖化终末产物（AGEs）的过程。

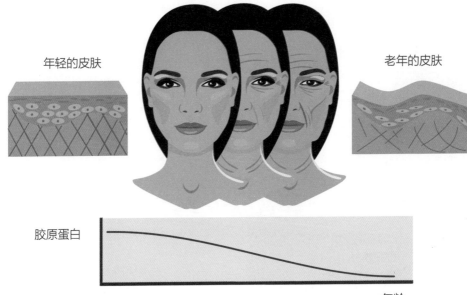

年轻的皮肤　　　　　　　　　　　　　　　老年的皮肤

胶原蛋白

年龄

通俗来讲就是在没有酶也不需要额外提供能量的情况下，蛋白质跟糖类结合在一起的过程。

糖化反应会引起早衰吗

在发生糖化反应后，胶原蛋白和弹力纤维会变硬，最终导致皮肤松弛和僵硬。另外，在糖化终末产物（AGEs）的作用下，引起胶原纤维褐变，使得肤色黯淡。

抗糖化，究竟该怎么做

注重防晒，使用抗糖化成分的护肤品

防晒，对抗糖化非常重要。因为紫外线的照射会加速糖化反应。

另外，还可以使用抗糖化护肤品，如含有烟酰胺、肌肽、葛根素、绿原酸等成分的护肤品。

养成"三不"生活习惯

日本曾做过一项研究发现，不熬夜、不吸烟、不喝酒，可以减轻皮肤中 AGEs 含量。另外，能够经常做有氧运动，利于消耗糖，从而也利于抗糖化。

调整饮食

减糖，不"戒糖"

长期摄入大量的糖会导致高血糖，进而影响皮肤屏障功能，还会加速皮肤老化。所以，在日常饮食中，要减少摄入糖类。但彻底"戒糖"在现实生活中是难以做到的，毕竟糖类可使人体正常运转。而且如果没有糖，糖化反应也不会停止，身体就会寻找替代物继续发生糖化反应，如蛋白质。可以说糖化反应会伴随人类终身，所以建议大家进行"减糖"，而非彻底的"戒糖"。

需要注意的是，这个"糖类"的范畴不仅仅指减少摄入添加糖（红糖、冰糖、果葡糖浆、蔗糖），还包括食物本身就有的天然糖，如蜂蜜。另外，还要控制碳水化合物的摄入量，因为其进入人体后仍然会发生糖化反应。

少"炸烤"

要少吃油炸、煎炒、烘焙、烧烤类的食物，因为此类食物在加工过程中会产生 AGEs，可以多采用蒸、煮、炖的烹饪方法。

多吃抗糖化食物

大蒜、生姜、迷迭香、肉桂、首蓿等可以预防果糖引起的糖化。另外，还可以多吃富含维生素的蔬菜和水果。

均衡饮食

纯素食者血液中的 AGEs 比营养均衡者要偏多一些，因此，最好做到均衡饮食，不偏食、不挑食。

关于医学护肤品那些事

医学护肤品安全可靠吗

医学护肤品主要成分多取自天然原料，不含或少含防腐剂、色素、香料，也不含激素类药物成分、重金属、抗生素、刺激性大的表面活性剂等，不会损伤皮肤或引起皮肤过敏，因此可以放心使用医学护肤品。

医学护肤品上市前已在多家医院进行了大规模的临床验证，安全性能高，功效明显，所以很多皮肤科医生推荐大家选用医学护肤品。

医学护肤品就是药妆品吗

"药妆品"由 Raymond Reed 于 1961 年提出，指的是"具有活性的"或"有科学根据的"化妆品。在 1970 年 Albert Klingman 重新定义药妆品为"兼有化妆品特点和某些药物性能的一类新产品，或界于化妆品和皮肤科外用药物之间的一类新产品。"

我国目前对"药妆品"并没有明确的定义，没有药妆品批文。

关于"药妆品"的概念，国家药监局强调，根据《化妆品卫生监督条例》规定，化妆品不得宣传疗效，不得使用医疗术语，并无"药妆品"这一品类。

国家药品监督管理局化妆品监管司发布《化妆品监督管理常见问题解答》，再次明确我国对于"药妆品""医学护肤品"的监管态度——即：以化妆品名义注册或备案的产品，宣称"药妆""医学护肤品""药妆品"等概念的，属于违法行为。因此，医学护肤品在我国并不能跟"药妆品"画等号。

医学护肤品，能辅助治疗皮肤病

医学护肤品，介于化妆品与药品之间，属于医生用于辅助治疗皮肤病的护肤品，具有清洁、软化角质、保湿、润肤、抗炎抗敏、控油清痘、抗皱、美白祛斑等功效。

疾病分类	具体病种	备注
皮肤屏障受损性皮肤病	① 干燥性皮肤病：如特应性皮炎、湿疹、皮肤瘙痒症等 ② 红斑鳞屑性疾病：如银屑病、毛发红糠疹、红皮病等 ③ 面部皮炎：如脂溢性皮炎、酒渣鼻（玫瑰痤疮）、口周皮炎、慢性剥脱性唇炎等 ④ 角化异常的皮肤病：如鱼鳞病、毛周角化症、剥脱性角质松解等 ⑤ 药物导致的皮肤干燥脱屑：如维A酸、过氧化苯甲酰等 ⑥ 生理性皮肤干燥：主要见于老年人或季节气候变化造成的皮肤干燥	多选择舒缓类、清洁类、保湿和皮肤屏障修复类的护肤品
敏感性皮肤病	① 敏感性或不耐受性亚健康皮肤 ② 劣质化妆品或化妆品使用不当致皮肤屏障破坏 ③ 医源性，如激光等微创术后，各种药物治疗造成的皮肤不耐受，如激素依赖性皮炎等	多选择舒缓类、清洁类、保湿和皮肤屏障修复类的护肤品
皮脂溢出性皮肤病	痤疮、脂溢性皮炎、酒渣鼻（玫瑰痤疮）等皮肤病	多选择控油类、清洁类、控油和抗粉刺类护肤品，舒缓类和皮肤屏障修复类护肤品也具有良好的辅助治疗作用
色素性皮肤病	色素增加性皮肤病，如黄褐斑、炎症后色素沉着、黑变病等	辅助应用美白祛斑类护肤品，并配合保湿类、舒缓类护肤品进行基础护理，外涂防晒霜等有明显的疗效。色素减退性皮肤病，如白癜风等，在药物治疗疾病的同时，可选用遮瑕类护肤品掩盖皮损
光皮肤病	光敏性皮炎、多形性日光疹、慢性光化性皮炎、红斑狼疮、皮肌炎、皮肤光老化等	护肤品选择原则为强调防晒功能，同时应用保湿剂改善皮肤干燥、脱屑的症状。临床上嫩肤类产品可用于延缓皮肤的光老化
其他	激光等微创术后的皮肤护理	护肤品多选择舒缓类、清洁类，舒缓类湿敷面膜、保湿类或皮肤屏障保护类产品用于基础护理。促进创面愈合的护肤品可加速皮肤修复功能，急性期后也要使用防晒类护肤品

注：引自《护肤品皮肤科应用指南》。

普通护肤品不如医学护肤品吗

普通护肤品和医学护肤品，针对的是不同皮肤状态的使用人群而设计的，并没有好坏之分。

医学护肤品

医学护肤品无色、无味、无香，少含防腐剂，而且是皮肤科专家推荐的护肤品。有些护肤品是专门针对敏感性皮肤的，有些是针对油性皮肤的，还有一些是针对防晒的，但是必须要具备无色、无味、无香的特点。而且医学护肤品无论是在国内还是在国际上，之所以叫医学护肤品，一定是皮肤科专家鉴定过的，符合医学护肤品的标准。另外，由于医学护肤品的功效性比较强，如果用对了产品会事半功倍，用错了就适得其反了。

普通护肤品

目前市面上出现的普通护肤品品牌较多，成分也比较复杂，一般会有各种添加剂和防腐剂，但只要购买正规厂家生产的、质量检验合格的产品，是没有问题的。

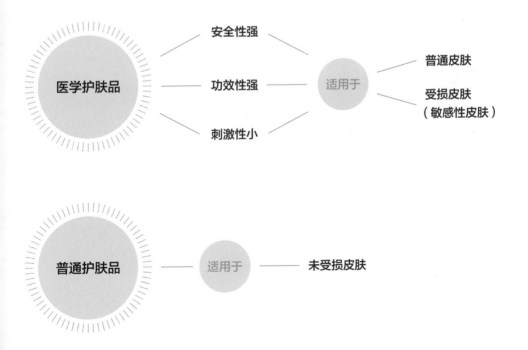

孙大夫答疑： 皮肤美丽说

1 怎样选防晒霜，防晒霜系数越高越好吗？

选择防晒霜，主要看 SPF 和 PA 两个指标。

SPF 代表的是日光防护系数，可以防护 UVB（中波红斑效应紫外线），防止皮肤被晒红；PA 代表的是 UVA 防晒系数，防护 UVA（长波黑斑效应紫外线），防止皮肤被晒黑。

这两者的防晒系数大小，代表着防晒能力的强弱。例如，SPF30 代表的是 30 倍的防晒强度。也就是说，涂抹上这个防晒霜后可以保证在 30×15=450 分钟，即 7.5 小时后皮肤才可能会晒伤。也就是说倍数越大的防晒霜，防晒时间越长，防晒性能越好。不过这仅仅是理论值，日常生活中涂抹防晒霜后，由于出汗、蹭抹等，实际防晒远远达不到 7.5 小时，一般建议每 1.5~2 小时补涂一次防晒霜。

但是，选用防晒霜，要根据自己的实际情况。例如，仅仅是办公室工作，选 SPF15 的防晒霜就足够了。如果是水上运动员，不仅要选择 SPF50 或以上的防晒霜，还要用专业的防晒油防护，才能保证不被晒伤。

PA，后面"+"越多，防晒黑强度越高，要根据当日的紫外线情况来决定。

名称	作用	效果
SPF	防护 UVB 中波红斑效应紫外线	防止皮肤被晒红
PA	防护 UVA 长波黑斑效应紫外线	防止皮肤被晒黑

2 用了很多祛痘护肤品，感觉越用痘痘越多，该怎么办？

痤疮俗称"青春痘"或"粉刺"，是累及毛囊皮脂腺的慢性炎症。

建议痤疮患者选用医学护肤品，因为该类护肤品不含色素、酒精、香料、防腐剂，能够对损容性皮肤病起到辅助治疗作用。另外，还可以选用控油型洁面泡沫和爽肤水。有炎症的部位，使用祛痘精华液；油脂分泌旺盛的额头、口鼻三角区涂抹控油保湿型凝露；干燥的部位涂抹保湿型的乳剂或霜剂。

第 3 章

倾听皮肤心语,
拯救问题皮肤

"大油田",
我拿什么拯救你

为什么我的皮肤总爱出油

有些人的皮肤爱出油，尽管一天洗几次脸，仍然会"油光满面"，为此带来很多烦恼。这些油究竟是从哪里来的呢？有没有减少出油的办法呢？接下来我们就来解答您心里的疑惑。

出油带来的困扰

出油部位带来的烦恼

面部出油——导致面部皮肤粗糙、毛孔粗大。
头皮出油——导致头发油腻腻的，即使天天洗头，也避免不了"油头"的困扰。
前胸后背出油——导致衣服油腻腻的，总是有一种油乎乎的怪味。

心理压力

很多油性皮肤的人，都会很困惑"为什么自己的皮肤如此油腻"，因为没完没了的出油，带来了很大的心理压力。

出油引发皮肤疾病

有些人不是单纯的油性皮肤出油，出油过多还可能会伴随痤疮、脂溢性皮炎等皮肤疾病。

孙大夫有话说

皮肤出油不一定都是坏处

皮肤类型并不是恒定不变的，会随着年龄、季节等因素而发生改变。例如，处于青春期的少年，由于油脂分泌旺盛，为油性皮肤；老年人由于皮脂腺分泌功能衰退，变得干燥，就成为干性皮肤了。另外，夏季皮脂腺分泌旺盛，冬季皮脂腺分泌欠佳，皮肤的类型也会有所差异。

🌿 油脂（皮脂）从哪儿来

皮肤表面的脂质分为内源性脂质和外源性脂质。

内源性脂质来源于皮脂腺分泌的皮脂，外源性脂质是角质层细胞崩解产生的脂质（表皮脂质）。

青春期之前外源性脂质占主导，青春期之后内源性脂质占主导。

因此，在青春期之后，皮肤是否爱出油，是由皮脂腺决定的。皮脂腺是皮脂（油脂）的"生产基地"，除了脚背、手掌和脚趾外，全身的皮肤都有皮脂腺的存在，尤其是头皮、面部、前胸、后背部位分布较多。

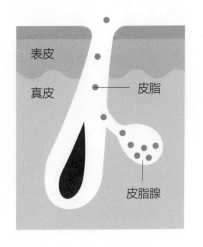

🌿 影响油脂分泌的"七要素"

年龄	不同年龄段，皮脂腺分泌功能有所不同。

年龄	皮脂腺功能
出生时	分泌功能强
6 个月之后~儿童期	分泌功能很弱
青春期前~青春期后	分泌功能逐渐增加，16 ~ 20 岁分泌功能最强
男性 50 岁、女性 40 岁后	分泌功能逐渐开始下降

性别 男性的皮脂腺分泌能力高于女性。

内分泌 雄激素会影响皮脂腺的分泌能力。

饮食 经常食用低热量的饮食，可以降低皮脂腺的分泌。

情绪 情绪波动起伏较大，会促进皮脂腺分泌。

季节 季节对皮脂腺的分泌影响并不大。不过，在天气炎热时，随着汗液的分泌量增加，改变了皮肤表面张力，皮肤会显得很油腻。

生长因子 表皮生长因子、α 转移生长因子、碱性成纤维细胞生长因素等可以促进皮脂腺细胞的增殖，但又是把"双刃剑"，也会抑制皮脂的合成。

减少油光的有效方法

适度清洁皮肤

油性皮肤要非常注意清洁。因为油脂过多不仅会给细菌提供生存空间，还会吸附粉尘、皮肤脱落细胞碎屑等。

但是，为了去除过多的油脂，很多人会选择使用深层洁面产品，多次过度清洁皮肤，认为多清洁，就能把油脂去掉。事实上，这样做不仅会伤害皮肤正常的屏障功能，还会刺激皮脂腺分泌更多的油脂。

注重保湿

油性皮肤仍然需要做好保湿。如果空气比较干燥，可选择稍微带点油性的保湿产品；如果空气比较潮湿，可选择比较清爽的保湿水或保湿凝胶。

控制饮食

少吃刺激性食物

刺激性的食物会刺激皮脂腺的分泌，加重皮肤的炎症反应，因此，油性皮肤的人要少吃刺激性的食物，如辣椒、酒类等。

避免熬夜

经常熬夜的人，皮肤会比较油腻，肤色也不佳。这是因为过度劳累会影响内分泌系统，刺激皮肤腺过度分泌。因此，要保证规律作息时间，以利于调节皮脂腺功能。

🍃 选择医美项目治疗

光电技术、肉毒素注射、中胚层疗法、微针治疗、电波拉皮等医美项目，有利于改善油性皮肤的皮肤状态。

🍃 口服药物治疗

口服抗雄激素的避孕药，可以减少皮脂腺的分泌，不过此方法仅限女性使用，且要在专科医生的指导下服用。

另外，口服维A酸也可抑制皮脂腺的分泌，如果女性服药的话，需停药两年后再怀孕。

特别需要提醒大家的是，不要自行口服药物，需要遵医嘱。

> **孙大夫有话说**
>
> ### 外涂维A酸，也有控油效果
>
> 口服维A酸可以抑制皮脂腺分泌，外涂的效果也不错。需要注意的是，最开始使用维A酸时，要从低浓度开始。另外，使用维A酸产品时，皮肤可能会出现发红和脱屑，这时需要减少使用量，给皮肤一个适应的过程。

油性皮肤怎么选择洗护用品

清洁	选择弱碱性且有保湿作用的温和洁面产品，不要选择高清洁力度的洁面产品。去角质或磨砂膏每2周使用1次即可
爽肤	选择具有收敛、控油、保湿功效的爽肤水，给皮肤补充水分，去除油脂
护肤	选择控油、保湿的凝胶类或水包油乳剂护肤品，既可以保护皮肤屏障，又不会堵塞毛孔、增加皮肤负担
防晒	选择油质少、水质强的防晒霜，有效减轻皮肤的负担
面膜	选择清凉的冷导膜或控油保湿面膜

毛孔粗大，如何极简护肤

导致毛孔粗大的原因

谁都想拥有光滑细腻的皮肤，但粗大的毛孔会让皮肤显得异常粗糙。导致毛孔粗大的原因一般有以下几方面。

皮脂分泌过多

皮脂可以形成皮肤保护屏障，防止水分流失。但如果皮脂分泌过多，就会刺激毛囊口变得越来越大。另外，皮脂过多会使粉尘和脱落的角质混合在一起，形成角栓后堵塞毛孔，渐渐地就把毛孔撑大了。

皮肤衰老

随着年龄的增长，皮肤表皮变薄，胶原蛋白逐步流失，皮肤弹性下降，毛孔失去胶原蛋白和弹性纤维的牵拉和支持，就会变得粗大。另外，由于皮肤松弛，皱纹和毛孔都可以连成一条线。

日晒过多

适度的阳光照射，可以促进维生素 D 的合成，改善人们的情绪和认知。但日晒过多，不仅会引起皮肤光老化，还会导致毛孔粗大。

炎症

皮肤出现炎症，也会导致毛孔粗大。通常导致皮肤炎症的是马拉色菌和葡萄球菌等。

真皮萎缩

真皮萎缩，会导致器质性毛孔粗大。

毛囊肥大

由于毛孔的大小取决于毛囊体，而在雌激素的刺激下毛囊体容易肥大，这样就会导致毛孔粗大。

遗传因素

遗传因素也可能导致毛孔粗大。经研究发现，74.5% 的毛孔粗大者的直系亲属中也可能有同样皮肤状态存在。

改善毛孔粗大的方法

🌿 日常护理

1. 做好适度清洁和控油。如果清洁不及时，就会导致面部皮肤上的微生物繁衍；但清洁过度，又使得皮脂分泌过多，造成毛孔"越洗越大"。

2. 针对皮肤衰老导致的皮肤松弛，要从导致皮肤衰老的诱因入手，加强防晒、抗氧化，由内而外延缓皮肤衰老。

3. 做好防晒，是呵护皮肤的根本方式。无论是采用物理防晒还是化学防晒，均能降低日晒对皮肤的伤害。

4. 皮肤出现炎症后，要注意清洁方式，防止过度清洁和摩擦，更不能刺激皮肤，损伤皮肤屏障功能。另外，在治疗炎症方面，要遵医嘱，不要自行服用激素类药物。

5. 选择控油成分的化妆品，对收缩毛孔有好处。例如，含有维生素C及其衍生物、绿茶提取物、视黄醇（维A醇）及其衍生物、水杨酸、果酸、杏仁酸等成分的化妆品。

6. 日常饮食要少吃高糖、高脂肪的食物，多吃富含膳食纤维的蔬菜。

🌿 医美专业治疗

真皮萎缩导致的器质性毛孔粗大，是没有办法通过护肤品改善症状的，可以采用激光、微针、射频、水光针等医美技术来治疗。

类型	医美技术
清晰可见的毛孔	强脉冲光、微针、肉毒素真皮内注射、非剥脱点阵激光治疗
明显可见毛孔或毛孔内有角栓	一般要先处理角栓问题，使用含水杨酸、果酸的护肤品或维A酸乳膏。然后再做非剥脱点阵激光或者点阵射频
非常明显可见毛孔或内含与毛孔大小一致的角栓、呈草莓状	先解决毛孔堵塞问题，一般会使用果酸或水杨酸，然后进行超脉冲二氧化碳点阵激光治疗

战“痘”有方，
远离青春痘

痘痘是什么

痘痘是痤疮的俗称，也是人们常说的“青春痘”，好发于青春期。这是一种常见的毛囊皮脂腺的慢性炎症性皮肤疾病。痤疮通常与皮脂分泌过多、毛囊皮脂腺导管堵塞、炎症反应、细菌感染等因素有关。此外，不合理使用激素类药物或护肤品、消化系统异常等也容易引发痤疮。特别是进入青春期以后，雄激素水平的快速升高，导致皮脂腺产生大量皮脂，与此同时皮脂腺导管异常角化，引起导管堵塞，皮脂无法顺利排出，进而形成角质栓。

痤疮分为寻常痤疮、聚合性痤疮、爆发性痤疮、高雄激素性痤疮、药物性痤疮、婴儿性痤疮、化妆品性痤疮等。寻常痤疮是痤疮中最常见的。一般多发于面部、额头，另外也会长在胸背部及肩部。大部分痤疮能在青春期以后消退或减轻，少部分到30~40岁仍然无法痊愈，有一定的遗传倾向。

痘痘有哪些表现

刚开始的时候，有的痘痘看上去是黑色的小点儿，通常黑色小点的是黑头粉刺，也就是开放性粉刺，是由于脂栓表面部分氧化而成；有的是白色的小点，就是白头粉刺，又叫闭合性粉刺，可以挑出黄白色豆腐渣样的物质。

随着皮肤损伤程度的增强，就会形成米粒大小的红色丘疹，顶端会带脓头。如果受损情况更加严重，就会发展成暗红色的结节或囊肿。用手轻轻按压，会有波动感。倘若症状一直没有好转，还可能形成脓肿，最终造成皮肤瘢痕，也就是痘印和痘坑，非常影响皮肤美观，给患者带来很大的心理压力。

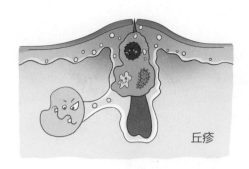

丘疹

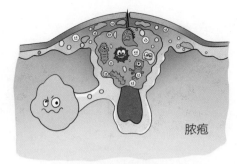

脓疱

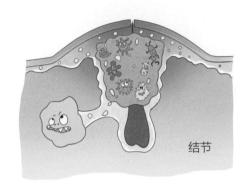

结节

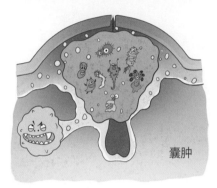

囊肿

🖤 痤疮的严重程度分类

严重程度	临床表现特点
Ⅰ（轻度）	散发至多发的黑色粉刺，可伴散在分布的炎性丘疹
Ⅱ（中等度）	Ⅰ度+炎症性皮损数目增加，出现浅在性脓疱，但局限于颜面
Ⅲ（重度）	Ⅱ度+深在性脓疱，分布于颜面、颈部和胸背部
Ⅳ（重度－集簇性）	Ⅲ度+结节、囊肿，伴随瘢痕形成，发生于上半身

注：参考人民卫生出版社《皮肤性病学》教材第 294 页表 24-1。

痘痘不是年轻人的专利

有些人从十几岁开始就有"痘痘"相伴，有些人却在 30 岁后才开始爆痘。因此，有人会开玩笑说自己"返老还童"，重回青春期了。

其实，30 岁之后脸上开始疯长的痘痘跟青春期开始长的痘痘还是有一定区别的。这个年龄段长的痘痘又称"成人痤疮"，通常跟遗传因素、服用药物、化妆品使用不当、精神压力过大、饮食习惯等相关。

你为什么会长痘

痤疮是多方面因素导致的疾病，其爆发主要跟下面几个因素相关。

遗传因素

痤疮有一定的家族遗传性，如果家族中有人有痤疮，患病率会高一些。因此，家族中有痤疮患者的话，在日常生活中要格外注意，如果发现长了痤疮，及早治疗，避免延误病情。

饮食因素

如果日常饮食中经常吃脂肪含量比较高、糖分也相对高的食物，会成为痘痘爆发的催化剂。

内分泌因素

雄激素水平在痤疮发病中扮演着重要角色。雄激素水平增高，皮脂腺受到刺激后就会大量分泌皮脂。因此，痤疮经常在青春期发病，青春期后会逐步减轻或自愈。

毛囊皮脂腺导管角化异常

毛囊皮脂腺导管的角质形成细胞过度增生和导管内皮角化的细胞脱落减少，会引起皮脂腺导管角化过度，这种情况下就容易长痘。

微生物因素

痤疮丙酸杆菌是引起痤疮的病原菌。它会侵入皮脂腺，诱导局部产生炎症，最终破坏皮脂腺，形成痤疮。

痘痘期间，护理妙招

规律生活	每天按时作息，不要熬夜。因为睡眠质量差、经常熬夜的人，皮肤状态会非常差，很容易长痘痘。
少吃奶制品	牛奶中的游离胰岛素样生长因子-1（IGF-1）、双氢睾酮和活性雄激素前体可能增加皮脂腺分泌而导致痤疮发生。因此，要少喝牛奶，可以用酸奶代替。因为酸奶在发酵过程中，会破坏一部分游离 IGF-1。
少吃糖	要少吃高糖类的食物，烟酒、碳酸饮料类也尽量戒掉。有一点需要特别提醒大家，避免高糖类食物，并非指的糖果、零食，还包括白米粥、白面条、馒头、高糖水果等短时间内可以升高血糖的食物。
少化妆	经常化妆的话，无论上妆还是卸妆都会刺激皮肤屏障。粉质化妆品使用过多，容易堵塞毛孔。所以，有些人一化妆就容易长痘。如果因工作需要非化妆不可，一定要使用质量合格的化妆品。
调整心态	虽然心情不好，不会导致长痘痘。但对于痤疮患者来说，长期处于焦虑、紧张、抑郁等负面情绪中，会加重痤疮症状。因此，要注意日常心理疏导。心情不好了，要转移注意力，做点自己感兴趣的事情，或者去运动，及时排解负面情绪。
预防便秘	日常饮食要以清淡、高膳食纤维的食物为主，可以常吃富含维生素的食物，预防便秘发生。 便秘虽不是导致痤疮的原因，但经常便秘是身体在预警，提示内分泌出现了问题。内分泌运转不正常，就有可能引发痤疮。

配合医生做好治疗中的皮肤护理

🍃 看看医生怎么治痘痘

外用药

类型	具体用药方式	备注
白头粉刺、黑头粉刺	首选外用维A酸类药物，如维A酸、异维A酸、阿达帕林等	维A酸是治疗痘痘的基本药物，过氧化苯甲酰抗炎效果好，抗生素类（克林霉素、红霉素）和过氧化苯甲酰联合用药效果好
丘疹、脓疱	抗生素类、过氧化苯甲酰等	
囊肿、结节	维A酸、过氧化苯甲酰、抗生素，联合用药	

口服药

类型	具体用药方式	备注
中、重度炎症性痤疮	口服抗生素类药物（米诺环素、阿奇霉素等）	口服抗生素建议不要超过3个月，另外也不要间断外用药

光电治疗

类型	具体用药方式	备注
炎症明显的红色痤疮	红光照射消除炎症，预防瘢痕；蓝光照射杀灭短棒菌苗，减少油脂分泌	红、蓝光搭配治疗，5次左右效果就会很明显了。光动力治疗效果好，但费用略高
症状非常严重的痤疮	光动力治疗，尤其对严重的囊肿结节型痘痘疗效好	

局部治疗

类型	具体用药方式	备注
陈旧型囊肿或结节	局部注射长效糖皮质激素和抗生素来治疗，可以达到很好的治疗效果	局部注射疗法要求比较高，必须由专业的医生来操作

长了痘痘千万不要自行治疗

有些人脸上长了痘痘，就自己上网查资料进行诊断；或者是听周围人的建议，自行购买药物治疗。这些做法都是不妥当的，很容易出问题，出现误诊误判用错药。因此，如果长了痤疮，最好第一时间到皮肤科，请专业医生来诊治。一方面避免误诊，另一方面尽早治疗，可以有效避免症状加重。

● 如何配合医生，做好皮肤护理

医生治疗前——注意洁面

请医生治疗前，一定要把面部清洁做好。

但需要注意的是，不要过度清洁，尤其是不要为了去油使用高强度的去角质功能的洗面奶、去角质产品等。因为角质层受损后，皮肤屏障就被破坏掉了，会影响医生的治疗效果。

尤其是准备做光电治疗的患者，更需要保护皮肤屏障。因为光电治疗本身会对皮肤有刺激和损伤。

医生治疗后——注意保湿和防晒

在医生进行治疗后，要注重日常的保湿和防晒。如果您做了光电治疗，还要注意以下几点。

1   光电治疗 48 小时内，尽量少洗脸。尤其是不能用热水洗。

2   不要刻意用手去抠脸上的结痂。皮肤的细胞修复需要一个过程，一定要有耐心。

3   多给皮肤做保湿护理，但要选择具有修复因子的保湿产品，千万不要误用激素类产品。

4   一定要做好防晒。因为做完光电治疗后，皮肤很脆弱，对外界刺激非常敏感。一旦接受了紫外线的照射，非常容易长斑和加速老化。

如何消除痘印

长痘痘的原因不同，留下的痘印也不同。不过最常见的痘印为黑色痘印和红色痘印两种。接下来，我们主要来讲讲如何处理这两种痘印。

🍃 红色痘印

造成红色痘印，往往是长痘痘的地方出现了炎症之后血管扩张，痘痘消失后扩张的血管却没有来得及收缩，暂时性留下了的红色斑点。

> **解决办法** •——
>
> 随着炎症的消失，红色痘印会逐渐淡化，最终会消失。不过这个过程有点缓慢，需要耐心等待。

> **护理要点** •——
>
> **做好防晒措施**
> 防晒是非常重要的一个环节。因为长时间照射强烈紫外线，会刺激血管扩张，加重炎症，造成皮肤黑色素沉淀，红色的痘印就会变成黑色，会比较难以去除。因此，日常生活中一定要做好防晒。
>
> **做好抗炎工作**
> 如果红色痘印已经形成了，使用具有保湿、舒缓抗炎成分的护肤品，可以促进红色痘印的淡化。购买时，可以选择含有马齿苋提取物、洋甘菊提取物、甘草提取物、烟酰胺、积雪草提取物、维生素C、维生素E等成分的护肤品。
>
> **不要刺激皮肤**
> 千万不要用手去抓挠长痘痘的地方，也不要使用去角质的产品，这样做都会刺激皮肤，导致炎症变得更加严重。

🍃 黑色痘印

在炎症期，皮肤表皮和真皮层会有大量的黑色素细胞生成，慢慢地就变成了黑色痘印。

解决办法

相对红色痘印来说，黑色痘印会比较麻烦。护肤品对其作用有限，可以选择做医美治疗。例如，光子嫩肤搭配果酸换肤，效果就很好。另外，为了预防黑色痘印的产生，需要及早处理好红色痘印。

护理要点

注意防晒

防晒，是预防黑色痘印生成的重要措施。

使用美白产品

不想做医美治疗的话，可以在日常护理中使用美白产品，渐渐淡化痘印。

🌱 痘坑（痤疮瘢痕）

痤疮发生后，逐渐形成的萎缩性瘢痕，皮肤表面看上去呈现凹陷或凸起。在痤疮患者中发生率高达 32%。这是由于痤疮比较严重，皮损破坏已经到了真皮层，真皮纤维挛缩破坏，软组织萎缩，进而形成了凹坑。痤疮需要及早预防和治疗，不要用手去抠、挤痘痘。

解决办法

外用药物

使用护肤品很难改善痘坑，但在痘坑早期外用预防瘢痕生成的药物，有利于缓解或抑制瘢痕生成。例如，含有硅酮凝胶、透明质酸酶、肝素、尿囊素、多磺酸黏多糖等成分的药品。

医美治疗

可以采用医学美容治疗，如激光治疗、磨削术、微晶磨削术、射频治疗、脂肪移植等联合治疗，具体的治疗方式需要根据痘坑的具体情况而决定。

其中，点阵激光是治疗痘坑的首选，且安全性很高。点阵激光是通过光热作用，破坏挛缩的真皮纤维，进而诱发真皮和表皮再生。

护理要点

1. 及早预防和治疗痤疮。
2. 不要用手去抠、挤痘痘。忍不住用手去挤，结果往往会使炎症更加严重。最好由皮肤科医生来帮您处理。

修复敏感肌，保湿是关键

敏感肌指皮肤在生理或病理条件下发生的一种高反应状态，主要发生于面部，临床表现为受到物理、化学、精神等因素刺激时皮肤易出现灼热、刺痛、瘙痒及紧绷感等主观症状，伴或不伴红斑、鳞屑、毛细血管扩张等客观体征。

人人都有可能是敏感肌

很多人一旦脸部出现红斑、发痒，便认定自己是敏感肌。红斑、发痒的确是敏感肌的表现，其实这样是无法确定是否为敏感肌的。如果您还分不清自己到底是不是敏感肌，可以参考由四川大学华西医院皮肤科设计的这套敏感肌问卷。

敏感肌问卷

计分方法：

a 选项记 1 分，b 选项记 2 分，c 选项记 3 分，d 选项记 4 分，最终计算所有题目的选项分值总和即可。

1　您脸上是否会不明原因地出现红斑、潮红、丘疹、瘙痒、紧绷、脱屑、刺痛等症状：
　　a. 从来不会　　　　　　　　　　b. 偶尔会，每年少于 3 次
　　c. 经常会，每年 3 ~ 6 次　　　　d. 非常频繁，每年大于 6 次

2　环境温度变化或在空调房、刮风时，面部是否会出现红斑、潮红、丘疹、瘙痒、紧绷、脱屑、刺痛等症状：
　　a. 从来不会　　　　　　　　　　b. 偶尔会，很快会恢复正常
　　c. 经常会，症状不严重　　　　　d. 每次都会，症状较严重

3　在污染严重的环境里（如粉尘严重的房间、沙尘暴的季节、雾霾严重的户外）面部是否会出现红斑、潮红、丘疹、瘙痒、紧绷、脱屑、刺痛等症状：
　　a. 从来不会　　　　　　　　　　b. 偶尔会，很快会恢复正常
　　c. 经常会，症状不严重　　　　　d. 每次都会，症状较严重

4　季节变化时面部是否会出现红斑、潮红、丘疹、瘙痒、紧绷、脱屑、刺痛等症状：
　　a. 从来不会　　　　　　　　　　b. 偶尔会，很快会恢复正常
　　c. 经常会，症状不严重　　　　　d. 每次都会，症状较严重

5　运动、情绪激动、紧张时面部是否会出现红斑、潮红、丘疹、瘙痒、紧绷、脱屑、刺痛等症状：

　　a. 很少　　　　　　　　　　　　b. 偶尔会，很快会恢复正常

　　c. 经常会，症状不严重　　　　　d. 每次都会，症状较严重

6　吃辛辣、热汤或其他刺激性的食物或饮酒时面部是否会出现红斑、潮红、丘疹、瘙痒、紧绷、脱屑、刺痛等症状：

　　a. 从来不会　　　　　　　　　　b. 偶尔会，很快会恢复正常

　　c. 经常会，症状不严重　　　　　d. 每次都会，症状较严重

7　对着镜子仔细看，面部：

　　a. 没有红血丝　　　　　　　　　b. 有轻微红血丝，少于面颊的 1 / 4

　　c. 有较多红血丝，占面颊的 1 / 4 ~ 1 / 2

　　d. 有大量红血丝，大于面颊的 1 / 2

8　您曾因为使用某种化妆品（如洁面产品、保湿霜、美白霜、防晒霜、彩妆、洗发或护发产品等）出现面部红斑、潮红、丘疹、瘙痒、紧绷、脱屑、刺痛等症状：

　　a. 从来不会　　　　　　　　　　b. 偶尔会，症状不明显

　　c. 经常会，症状不严重　　　　　d. 每次都会，症状较严重

9　月经周期变化是否会引起面部红斑、潮红、丘疹、瘙痒、紧绷、脱屑、刺痛等症状（男性选 a）：

　　a. 从来不会　　　　　　　　　　b. 偶尔会，症状不明显

　　c. 经常会，症状不严重　　　　　d. 每次都会，症状较严重

10　剃须后面部是否会出现红斑、潮红、丘疹、瘙痒、紧绷、脱屑、刺痛等症状：

　　a. 从来不会　　　　　　　　　　b. 偶尔会，症状不明显

　　c. 经常会，症状不严重　　　　　d. 每次都会，症状较严重

11　佩戴金属饰品（如项链、耳环、戒指、眼镜、皮带、手表等）部位是否会出现红斑、潮红、丘疹、瘙痒、紧绷、脱屑、刺痛等症状：

　　a. 从来不会　　　b. 偶尔会　　　c. 经常会　　　d. 每次都会

12　有无过敏性疾病史（如哮喘、过敏性鼻炎、湿疹、荨麻疹等）：

　　a. 无　　　　　　　b. 有

13　父母或亲兄弟姐妹是否患有过敏性疾病（如哮喘、过敏性鼻炎、湿疹、荨麻疹等）：

　　a. 无　　　　　　　b. 有

14　面部现在是否患有痤疮、玫瑰痤疮、面部皮炎或脂溢性皮炎等皮肤病：

　　a. 无　　　　　　　b. 有

分值统计：

得分 14~17 分为耐受型，得分 18~23 分为轻度敏感，得分 24~32 分为中度敏感，得分 33 分以上为重度敏感。

拯救敏感肌，您需要知道这些事

🍃 导致敏感肌的原因

《中国敏感性皮肤诊治专家共识》认为："敏感性皮肤的发生是一种累及皮肤屏障 - 神经血管 - 免疫炎症的复杂过程。在内在和外在因素的相互作用下，皮肤屏障功能受损，引起感觉神经传入信号增加，导致皮肤对外界刺激的反应性增强，引发皮肤免疫炎症反应。"

遗传因素 经科学研究发现，敏感性皮肤与遗传因素有关

年龄因素 年轻人比老年人发病率高

性别因素 女性比男性发病率高

精神因素 精神压力可反射性地引起神经降压肽释放，引发敏感性皮肤

激素水平 激素水平的变化也会引发敏感肌

物理因素 温度、季节、紫外线照射等

化学因素 清洁用品、消毒产品、化妆品、空气中的污染物等

医源因素 激光治疗术后、外用大量糖皮质激素、外涂刺激性药物

痤疮、接触性皮炎、湿疹、特应性皮炎、玫瑰痤疮等患者也容易引起敏感性皮肤

🗨 孙大夫有话说

过敏和敏感并不是一回事

很多人认为过敏和敏感是一回事，事实上这是两个概念。过敏指的是对某些成分过敏，如对化妆品或洗涤用品里的某些添加剂、香料过敏，吃某些食物过敏等。如果要确诊过敏，可以通过检查过敏原来确认。通常检测方法有三种，即皮肤斑贴试验、皮肤点刺试验、血清特异性IgE检测。

而敏感指的是敏感性皮肤，对涂抹在皮肤上的皮肤护理产品不耐受，进而引发的一系列皮肤不适症状。可以通过敏感肌皮肤问卷测试。

敏感肌护理的重要原则

不滥用化妆品及外用药

最好不要使用含有果酸、酒精、香料、色素等刺激性成分的护肤品。新产品使用前先擦在手腕内侧和耳后进行敏感测试。

减少冷热、辛辣饮食等刺激因素

避免过冷和过热的气温环境，冬天出门尽量戴口罩，平时出门也要佩戴大墨镜和口罩。

在饮食上，要多吃新鲜的水果、蔬菜，饮食要均衡。忌烟酒，少吃海鲜、麻辣食品。

温和洁面，不用功效性的洗面奶，避免用力揉搓

敏感性皮肤的表皮比其他肤质都要薄，易受外界的刺激产生过敏现象，如湿疹、红疹等。敏感性皮肤的女性在洗脸时要选择高保湿效果洁面产品。严重者可以用温水湿敷来代替清洗。

增加皮肤的保湿护理

敏感性皮肤容易出现过敏发炎的状况，所以要避免多层的保湿产品，选择经过过敏测试的化妆水或乳液，也可以用有镇静效果的化妆水，这种化妆水有镇静皮肤、增加皮肤含水量的作用。

日常防晒，减少外界因素刺激

做好防晒工作。防晒霜不能省略，可以选择专门针对敏感皮肤的药妆品牌的防晒霜。夏天出门打遮阳伞或戴遮阳帽。

保持高质量的睡眠

睡眠与身体和皮肤的健康息息相关，经常熬夜的人很容易得病，皮肤也会变得很脆弱。

◢ 敏感肌购买护肤品注意事项

敏感肌高度不耐受，非常容易受到外界各种因素的影响。因此，敏感肌在选购护肤品时要格外谨慎。

下列这些护肤成分，敏感肌一定要避用

水杨酸、果酸、烟酰胺、维生素A、高浓度维生素C、对氨基苯甲酸等成分，对于正常的皮肤来说，可能会有相对应的疗效。但由于敏感肌高度不耐受，要尽量避免使用含有这些成分的护肤品。

例如，含有对氨基苯甲酸的防晒类产品，会对皮肤造成刺激性。所以尽量选择含有氧化锌或二氧化肽成分的防晒霜。

再如，含有烟酰胺成分的美白产品，容易使皮肤产生刺痛，因为其在生产过程中会残留烟酸。产品中加入的烟酰胺越多，对皮肤的刺激性越大。

该选什么样的护肤品

敏感肌不可再有过度的刺激和负担，建议选择不添加香料、防腐剂等过敏原成分的医学护肤品。还有一点需要注意，不要混搭使用多品牌护肤品，更不要随意更换常用的护肤品，如需更换，一定要先在耳后或手臂上局部试用一下，以确认是否安全。

另外，彩妆品中一般含有对皮肤有刺激作用的化学物质，因此不建议敏感肌使用。

遇到敏感肌问题，请教皮肤科医生

药物治疗	症状严重者可酌情配合药物治疗，对于灼热、刺痛、瘙痒及紧绷感显著者可选择抗炎、抗过敏类药物治疗，对于伴有焦虑、抑郁状态者可酌情使用抗焦虑药和抗抑郁药。上述患者采用健康教育、合理护肤。
日常皮肤护理建议	合理护肤修复受损的皮肤屏障是治疗敏感肌的重要措施。 合理护肤要遵循温和清洁、强化舒缓保湿、严格防晒的原则。宜选用经过试验和临床验证、安全性好、具有功效性的医学护肤品。 洁面可用温和的弱酸性产品，禁用去角质产品，宜用温水洁面，每日洁面次数不超过 2 次。根据季节变化，选用不同剂型的保湿剂。防晒剂中可添加二氧化钛等，急性发作期应避免使用，缓解后应每日规律使用防晒剂。

注：以上内容引自《中国敏感性皮肤诊治专家共识》。

孙大夫有话说

治疗痘痘的误区

很多人的认知有两个误区，一部分人认为长痘痘就要使劲洗脸，还有一部分人认为长痘痘是因为螨虫，觉得自己应该用杀螨虫的药。针对这两个误区，我们要注意：第一，洗脸是相对而言的，痘痘的炎症是在毛囊的深部，所以使劲洗表面不仅刺激皮肤，对深处的毛囊也是没有作用的；第二，毛囊虫正常人也有，正常人挤一下鼻子的话可以出现3根毛囊虫，如果长了痘痘，同样的位置会挤出来10根毛囊虫，这些在显微镜下都可以观察到。所以不是因为毛囊虫引起的痘痘，而是因为痘痘出油多，毛囊虫在痘痘的位置长得多了一些，所以选择药物的时候可以选择有抑制毛囊虫作用的，如甲硝唑，是一种广谱的抗厌氧菌的抗生素，外用时，有抗菌的作用，对毛囊虫也有抑制作用。所以治疗痘痘不是靠洗脸，而是要靠外用药杀死这些毛囊虫。

不加"斑"，女人才更有魅力

　　拥有洁白无瑕的面颊是无数人的梦想，但是面部皮肤上难免会出现一些"斑斑点点"。为了去除这些斑点，使用了很多美白祛斑产品，可惜效果不好。其实，要想成功化解"斑"烦恼，必须要从根本上了解斑点产生的原因和防护要点。

盘点"斑"家族——雀斑、黄褐斑、老年斑

　　给人们带来困扰的"斑"，主要是雀斑、黄褐斑、老年斑这三种。

● 雀斑

　　雀斑是非常常见的皮肤病，多出现于面部，不过也有可能扩散到颈部及手背。由于其具有遗传性，一般 5 岁左右的孩子就可能会长雀斑，到青春期会越发明显。通常会在春、夏季加重，秋、冬季有所减轻。

诱发原因

遗传 雀斑具有家族遗传性，遗传基因会导致孩子在很小的年纪就长雀斑。 —— 不可抗力

日晒 紫外线的照射会诱发雀斑出现和加重雀斑的程度。 —— 做好防护，可有效预防和淡化雀斑

防护要点

1　避免强光暴晒。
2　正确使用护肤品。

　　孙大夫有话说

　　　雀斑可以通过光子嫩肤、激光、果酸换肤等医美技术治疗。需注意严格防晒，否则即使通过医美技术去除，斑点的部位仍然会重新长斑。

黄褐斑

黄褐斑又称"蝴蝶斑""妊娠斑""肝斑"，是一种慢性的面部色素沉着斑，多发生在成年女性面部（额头、颧骨、口周、鼻梁等部位）。

诱发原因

黄褐斑的诱因比较复杂，通常跟内分泌失调、怀孕、日晒、肝病、遗传等因素相关。另外，长期作息不规律，经常熬夜、抽烟、饮酒、滥用护肤品及糖皮质激素也会诱发黄褐斑。

> **孙大夫有话说**
>
> ### 黄褐斑能根除吗？
>
> 口服氨甲环酸是治疗黄褐斑最有效的方法，疗效显著、安全性高。另外，黄褐斑还可以采取光子嫩肤等医美技术治疗。

防护要点

1　尽量避免服用避孕药、黄体酮类药物。
2　禁烟酒，避免熬夜。
3　认真做好皮肤清洁、保湿、防晒工作。
4　多做有氧运动，常吃富含维生素的水果蔬菜。
5　口服维生素 C、维生素 E 等抗衰老的药物。
6　使用具有美白淡斑功效的医学护肤品。
7　保持心情愉悦，心情不好可能会导致黄褐斑加重。

老年斑

老年斑是皮肤老化的表现，会出现在面部、胸前、手臂和手背等裸露皮肤上。一般分为两种：一种是平行于皮肤的，医学上称为"老年性雀斑样痣"；另一种是高出皮肤的，医学上称为"脂溢性角化症"，又称"老年疣"。

诱发原因

日晒

暴露的皮肤容易受到紫外线照射，长期的日光照射，会使皮肤出现光老化，老年斑、皱纹等就会相伴而来。

> **孙大夫有话说**
>
> 高于皮肤、比较厚的老年斑使用冷冻技术去除，平的老年斑可以用激光去除。

防护要点

注意防晒，在户外要注意使用防晒产品。尤其在年龄不大的时候就要引起重视，不要等面部布满老年斑后再"亡羊补牢"。另外，也可以使用富含抗氧化成分的护肤品。

拯救暗沉皮肤，需要做这些功课

不想再做"黄脸婆"，就要认真对待皮肤

随着年龄的增长，皮肤会逐渐失去往日的光泽，变得粗糙暗沉，皮肤弹性和张力也会变差，日渐暗沉的皮肤看起来越来越像"黄脸婆"。

◗ 导致皮肤暗沉的可能因素

不注意防晒

有些人不在意防晒或者使用防晒方式不合理，导致皮肤经常暴露在紫外线的照射中，皮肤接受一定量的紫外线后，黑色素就会发生转化，迅速氧化，进而影响肤色。

角质层缺水，老化角质堆积

如果皮肤的角质层缺水，肤色就会变得暗沉，所以要做好补水保湿；皮肤角质层过厚，没有及时进行清理，会使皮肤触感粗糙、肤色暗沉。

皮脂氧化

皮脂本来的色泽是淡黄色，如果被氧化后，会使肤色暗沉。

血液循环差

面部毛细血管的血液供应不足，使脸色失去光泽。

睡眠欠佳

睡眠不好容易引起肤色暗沉、皮肤老化和衰老。

不良的生活习惯

经常抽烟、饮酒、熬夜，缺乏运动，也会导致皮肤暗沉。

空气污染

空气中的污染物会附着在皮肤表层，堵塞毛孔，还有可能引起皮肤炎症，导致皮肤状态欠佳。

摆脱暗沉皮肤，让您的皮肤再"白回来"

🌿 去角质层

角质层变厚，也会影响皮肤状态。如果肤色显得特别暗沉，可以做去除老化角质的护理。需要注意的是，去角质护理会伤害皮肤屏障，不宜过于频繁。一般油性皮肤可以稍微频繁些，1个月用2次，其他皮肤1个月用1次或不用。

🌿 卸妆要彻底

如果卸妆不干净，化妆品残留在皮肤上，会导致皮肤暗沉，因此每天一定要及时且认真地把妆卸干净。根据妆容的浓淡，选择卸妆水／乳／油来卸妆，彻底清洁毛孔里的污垢和表层的多余油脂，保持皮肤干净。

🌿 改善生活习惯

保证充足的睡眠，不要长期熬夜，否则会导致内分泌失调，皮肤会变得暗沉；烟酒会对皮肤造成极大的伤害，使皮肤提前老化，肤色暗沉，因此要尽量禁烟酒。另外，日常饮食中常吃一些富含维生素C的食物，有利于改善皮肤状态。

🌿 做面部按摩

做做脸部小动作，可以促进面部血液循环，刺激胶原蛋白的产生，从而减少细纹，使皮肤更加紧实、有弹性。

双手十指弯曲成梅花状。用指端从下颌开始，沿嘴角、鼻两侧向上，再围绕眼眶敲一遍，然后沿眉中央向上经前额、头顶、后脑，再沿耳朵敲1周，返回原处。该动作做80～100次。

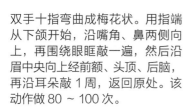

常见皮肤炎症，
日常生活中要做好防护

银屑病

　　银屑病是慢性炎症性皮肤病，表现为鳞屑性红斑或斑块。

银屑病

**诱发
原因**

银屑病发病与遗传和环境因素（外伤、感染、酗酒、压力过大、药物）有关，一般夏轻冬重，因为阳光照射有一定的治疗作用。

**防护
要点**

到正规医院皮肤科就诊
银屑病给患者身心带来很大的压力，有些人为了迅速痊愈，有病乱投医，结果使病情更加复杂难治。因此，银屑病患者一定要到正规医院就诊，避免误诊和错治。

做好保暖措施
寒冷环境中注意保暖，多接受日光照射，有益防止复发。

缓解精神压力
情绪过度焦虑、抑郁，也会诱发银屑病。因此，平时要放松心情，保持心情舒畅。

科学饮食
均衡饮食。每日正常摄入五谷杂粮、肉、蛋、奶、菜、肉，不要食用高脂高糖类食物，尽量避免吃刺激性食物，酒也要少喝。

湿疹

湿疹是一种非常常见的皮肤病。得了湿疹后瘙痒难耐，而且会反复发作。

湿疹分型

急性期
红斑、水肿的基础上出现粟粒大丘疹、丘疱疹、水疱、糜烂及渗出。

亚急性期
以小丘疹、鳞屑和结痂为主，仅有少数丘疱疹或水疱，可有轻度浸润，剧烈瘙痒。

慢性期
粗糙肥厚、苔藓样变，可伴有色素改变、手足部湿疹。

诱发原因

外因　微生物会引发或加重湿疹。

内因　免疫功能异常、皮肤屏障功能受损、肿瘤、内分泌疾病、营养障碍等。

防护要点

治疗湿疹一般采用内服＋外用药
如果有明确的某种食物食用后瘙痒加重需要回避，一般情况下不必严格忌口。

注意保湿
要想避免湿疹复发，一定要做好保湿，保护好皮肤屏障。

不要刺激皮肤
得了湿疹后很容易出现皮肤瘙痒，这时千万不要用手去挠，以免加重瘙痒程度，抓破皮肤使皮肤屏障功能受损。另外，也不要用热水烫的方式来止痒，高温会让皮肤变得更加干燥，还容易造成烫伤。
正确的方式是遵医嘱口服或涂抹治疗湿疹的药物，如果实在痒得难受，可以用手轻轻拍打。

白癜风

白癜风是由于皮肤中的黑色素细胞分泌黑色素颗粒的功能障碍导致的色素脱失性皮肤病。

白癜风分型

根据皮损分布及范围分类。

节段型 沿着某一皮神经阶段分布，单侧的不对称的白斑。

寻常型/非节段型 分为肢端型、黏膜型、散发型、泛发型、混合型。

局限型 皮损局限于一个部位，日后有可能发展为节段型或寻常型。

诱发原因

白癜风的发病可能与遗传因素、自身免疫系统疾病、神经化学物质（如皮肤神经末梢释放的生物化学物质）、精神因素、阳光照射、皮肤损伤等因素有关。

治疗方法

针对白癜风的药物治疗，需要遵医嘱。首选激素类药物（外用＋口服），如果外用激素类药物无效，选择用钙调磷酸酶抑制剂、准分子激光、自体表皮移植、脱色剂、黑色素细胞移植等。

防护要点

白癜风属于易诊断、难治愈的疾病，在日常生活中要注意以下几个方面。

1　一旦发现皮肤出现白斑，不要有过于沉重的心理负担，及早积极治疗。

2　治疗过程中，不要擅自改变医生的治疗方案，谨遵医嘱。

3　避免外伤。皮肤受到创伤后，白斑面积会扩大。

4　注意防晒，过多的阳光照射会使皮肤受损，导致白斑面积扩大。

5　保持身心健康。精神压力过大，会加重白癜风的病情。

特别提醒

　　白癜风的治疗一定要趁早；一种疗法必须坚持下去，至少坚持3个月，确定该疗法无效后，才可更换；治疗过程中期望值不要过高，经过一段时间的治疗，原白斑不变大，不长新的白斑，即为有效；若白斑消失或缩小即为显效，此时需要坚持治疗，以巩固疗效。

第 **4** 章

护肤，不只是 "面子" 问题

美丽应该从 "头" 开始

天天洗头会伤害头发吗

● 天天洗头未必会伤害头发

勤洗头，可以清洗头发上的灰尘、头皮屑和油脂，使头发保持清爽的状态，促进头皮的血液循环和新陈代谢，减少头皮屑，并不会对头发造成伤害，反而利于更好地养护头发。不过，洗头的频率要参考自己的发质、出油状态。

发质分类	特点	洗护要点
干性发质	油脂少、易分叉、干枯、无光泽	每周清洗 1~2 次即可。需要注意的是，洗后尽量不要使用吹风机
中性发质	油脂适中、不油不干、发质顺滑柔软	一般每周清洗 2~3 次。如果经常在户外运动或者气温偏高出汗量较大，可以每天清洗。需要注意的是，如果感觉头发偏干燥了，就要减少洗头的频率
油性发质	油脂偏多、头发油亮、易黏附污物和头皮碎屑	夏季每天清洗，冬季隔天清洗。需要注意的是，有些人喜欢在睡前洗头，然后顶着湿发就入睡了，这样做容易导致偏头痛和感冒。正确的做法是，尽量避免睡前洗头，如果睡前洗头一定要吹干后再入睡

● 选错洗发水，伤发没商量

不同功效的洗发水，是针对不同发质而设计的，如果错选了洗发水，会导致头发出现各种问题。

例如，干性发质本身缺少油脂，如果您选择了去油性质好的洗发水，就会导致发质越发干燥。同理，如果您是油性发质，却使用了滋润型的洗发水，会导致头发越发油腻。

干性发质 适宜选择具有滋润、焗油、养护功效的洗发水。

中性发质 适宜选择滋润、养护功效的洗发水。

油性发质 适宜选择去屑、深层清洁、平衡油脂功效的洗发水。

几个常见的洗头误区，你中招几个

● 不梳头直接洗头

这样无法使原本附着于头皮的污垢和灰尘浮于表面。

● 用指甲挠头皮

指甲是人体藏匿灰尘、细菌特别多的地方，很多人习惯用指甲挠头皮，头皮一旦抓破，很容易感染，正确的做法是用指腹轻轻按摩头皮。

● 护发素不冲洗干净

很多人认为残留一点护发素会保护头发，实际上，这么做不仅不会保护头发，还会因为头发上有护发素使灰尘很容易附着，严重的还会堵塞毛囊，引发炎症，所以护发素一定要冲洗干净。

洗发，要掌握正确方式

很多人洗发，就是简单用水冲一下，然后在头发上涂抹洗发水，抓挠两下，用水冲干净就好了。其实，这个过程有些过于潦草。

● 正确的洗发程序

1  洗发前，先用梳子细致地将头发梳理一遍，梳开打结的头发，从发根到发梢都要梳理到位。这样做有利于促进头皮的血液循环。

2  首先将头发用温水冲洗一下，接着将洗发水放在掌心揉搓起泡后，按照由发根到发梢的顺序涂抹在头发上，然后用指腹进行充分的按摩，再用温水冲洗干净。需要注意的是，用指甲抓挠头皮，容易破坏头皮的皮肤屏障，导致越抓越痒。

3  在头发上均匀涂抹护发素，然后进行充分按摩，包上浴帽，让头发充分吸收护发素的养分，10分钟后用流动的温水清洗干净。

4  用梳子将头发梳理一下，然后用干发毛巾包裹住头发，待头发的大部分水分被吸干后，再用吹风机吹干头发。需要注意的是，不要在头发太湿的情况下使用吹风机，一方面是不容易吹干头发，另一方面是容易使头发受损开叉。

跟脱发说"再见"

脱发的标准

头发每天都在进行新陈代谢，如果每天掉的头发数量在100根之内，属于正常情况。但如果每天掉发超过100根，连续超过1个月，且没有停止的迹象，严重时部分区域出现稀疏，这种情况称为脱发。

脱发常见的原因

工作压力大，睡眠时间少
因为工作压力大或不良的生活方式，睡眠时间偏少，导致生物钟紊乱，从而引起头部的血管痉挛、变细，导致头部供血不足，头发营养供应不足，自然会导致脱发。

饮食
饮食不规律、无节制，好吃口重、刺激性、油大、煎炸的食物，容易引发脂溢性脱发。

染烫发
如果经常去染烫头发，头发在高温和染烫剂的"轮番轰炸"中严重受损，失去光泽，发质变脆，毛囊也受到了损伤，进而导致脱发。

盲目减肥
过度减肥，减肥方式过于偏激，导致身体营养不良，无法满足头发所需的微量元素和其他营养物质，进而导致脱发。

错误的护理方式
洗头过于频繁、经常用梳子牵拉头发、吹风机热风吹头发也是导致脱发的原因。

遗传因素
遗传因素导致的脱发，又称雄激素性脱发，这是脱发最常见的原因。通常是从前额上部开始，然后逐渐向后推进。这种脱发具有遗传性。其中，男性患病率约为21.3%，女性患病率约为6.0%。治疗方法包括抗雄激素治疗、光学生发疗法、富血小板血浆疗法、植发。

🌿 按揉百会穴，防脱发

按揉百会穴可消除焦虑、缓解疲劳、预防脱发。

取穴

百会穴位于头顶正中线与两耳尖连线的交点处，头顶正中心。

操作

除拇指、小指外其他三指按住头顶正中的百会穴，用力由轻到重旋转按揉10余次即可。

百会穴

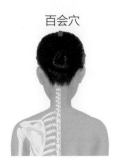

🔍 孙大夫有话说

已经脱发了怎么办？

随着脑力劳动的加强，脱发问题越来越严重，无论是年轻的男性还是女性脱发都很严重。男性脱发是有口服药的，但是治标不治本，吃了药症状就会减轻，男性可以三个月、五个月甚至连续几年吃药；女性脱发是没有特效口服药的。

但是不管男性脱发还是女性脱发，都可以用些外用药，但外用药并不是特效药，准确来说是活血作用，这种药物滴到头皮上有一定的帮助；还可以用梳子梳头，注意要用钝齿的梳子，梳头有活血的作用；另外头屑多的话，头皮会痒，这种情况也容易脱发，所以如果头屑多，可以用去屑的洗发液，采取一些去屑措施。以上这些方法再加上劳逸结合，能在一定程度上缓解脱发。

对症下“药”，摆脱头皮屑的烦恼

头皮屑是人体皮肤正常的新陈代谢，因为头部皮肤跟身体其他部位一样，角质细胞老化脱落之后会跟油脂、粉尘及其他污垢混合在一起，形成头皮屑。

🍃 导致头皮屑过多的原因

头皮皮脂腺分泌过于旺盛，真菌（马拉色菌）感染导致头皮屑增多。另外，精神紧张、疲劳过度、使用不当的洗护用品、饮食失调等也会导致头皮屑增多。

🍃 巧按摩，缓解头皮屑烦恼

操作

1　以十指代梳，从前额发际向后脑梳头，重复做 20~30 次，到头皮感觉到灼热感为止。

2　单手的食指、中指、无名指、小指并拢成 90°，从发际处向后轻轻敲打，放松头皮，重复 5~10 次。

3　十指梳头，每天梳两次，每次 5 分钟。

🍃 两招教你搞定头皮屑

注意头皮的清洁卫生

如果天气比较炎热，温度偏高，头发就容易出油出汗，再加上头发发量偏多，容易导致头皮上的寄生菌——马拉色菌过度生长，繁殖加剧，非常容易产生头皮屑。

经常洗头，头皮干净清爽了，头皮屑自然会减少。可以选择有去屑功能的洗发液。另外，洗头时不要用力抓挠头皮。

饮食调理

不要吃多糖、高脂的食物，不要喝酒，辛辣食物也要少吃。多吃蔬菜，口服维生素 B_6，可降低头皮屑的发生率。

🔍 孙大夫有话说

如何区分脂溢性皮炎与银屑病

脂溢性皮炎会导致头皮屑增多，很多人容易错误地把脂溢性皮炎和银屑病混淆，需要区分开来。

一般脂溢性皮炎好发于爱出油的部位，如头面部、胸部等；而银屑病除了好发于头皮外，主要出现在腰骶部或肘部/膝部的伸侧，大概有钱币大小，皮疹上面会覆盖着一层银白色的皮屑。

拒绝毛躁干枯的头发，打造乌黑亮丽的秀发

🌿 头发的组成部分

头发由内而外分别是髓质、皮质、毛小皮。

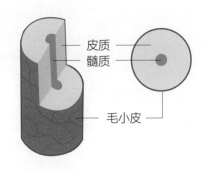

髓质 毛发中心，由立方细胞组成。
皮质 毛发的中间部分，由上皮细胞组成。
毛小皮 毛发的最外层，由一层薄而透明的角化细胞组成。

🌿 头发为什么会毛躁干枯

头发是否毛躁干枯很大程度是由最外层的毛小皮决定的。

染烫发
染烫发会导致毛小皮（毛鳞片）受损。这是因为头发在染烫过程中，要使用化学制剂，还会接触高温的水蒸气。

角蛋白流失
头发主要是由角蛋白组成，随着年龄的增长，角蛋白会逐渐流失，因此就会出现头发毛躁干枯的现象。

紫外线伤害
强烈的紫外线会使角蛋白发生变性，失去原有的弹性和强韧度。

🌿 遵守护发注意事项，毛躁干枯不再来

梳头有讲究
1　梳头时间。每次梳头大概需要3分钟。
2　梳头工具。尽量使用木质或牛角梳。不要用容易产生静电的塑料梳，容易伤发。另外，头发多的人尽量选择宽齿梳。
3　梳头力度。梳头时，最好能让头发垂直于头皮，梳成直角，这样拉直发丝可以有效刺激到发根，促进头发的新陈代谢。不过，毛躁干枯的发质，为了避免扯断发丝，最好涂抹护发精油后再进行梳理。

洗头有讲究
洗头频率要根据头皮性质和头发的洁净程度而定。

吹发要控温
吹风机的温度不宜过高，以免损伤发质。尤其是烫过的头发，在吹风前抹一些免冲洗的护发素，不仅有光泽度利于梳理，还能减少静电的发生。

选对适合的护发素
护发素能够很好地修复受损的发质，起到滋养作用。洗完头后使用护发素护理一下，头发柔顺、不打结。天然发质、染发、烫发三种类型，最好选择对应的护发素。另外，护发素还有免洗和水洗之分，一般水洗护发素效果比免洗要好一些。

出现染发性皮炎，该如何处理

染发，就是通过碱性的氨，打开毛发表面的毛鳞片，然后让氧化剂及染料进入到头发的皮质层。如果对染发剂里的添加成分过敏，就会引发机体的过敏反应，出现头部和面部起红斑，而且会伴有瘙痒。症状严重者还会出现面部水肿、渗液等，被称为"染发性皮炎"，属于接触性皮炎的一类。

应对策略

1　及时用水将头发冲洗干净，冲洗过程中不要沾染到身体其他部位。另外，需要注意的是水温，要用偏凉的水冲洗，切忌用热水。

2　尽量将头发剪短一些。

3　可以在医生的指导下口服抗过敏药物，严重者需要口服或静脉注射激素治疗。

4　避免接触强酸、强碱、重金属，这些会使皮肤受损加重，影响皮肤正常的代谢功能。

5　避免刮伤，出现染发性皮炎时一定尽量不要接触锋利的物品，避免刮伤头皮。

孙大夫有话说

不要过度迷信"植物成分"染发产品

现在很多人会认为植物成分的染发产品是安全无害的。其实这样认为是错误的。因为"植物成分"的染发产品，并非是纯粹的植物配方，大多也添加了化学成分在里面。因为检验其是否具有安全性，是要通过皮肤致敏性、基因毒性、遗传毒性以及对眼部和头部皮肤的刺激性等多项严格测试后，才能得出的结论。因此，认为"植物成分"染发剂就是安全的，太过武断。

购买染发产品，需要注意以下几点。
选择没有异味的染发产品。
通过包装查看是否有"国妆特字"证书。
提前48小时做皮肤过敏测试，再使用染发产品。
尽量选购温和且有滋养功效的染发产品。

养好皮肤　年轻20岁

动动手指做按摩，轻松护发没烦恼

平时常做护发小动作，会使头发润泽、乌黑，头皮屑去无踪。

🍃 干梳头，可增加头发的营养

头皮表面有数十个穴位和特别刺激区，疏通头部经络，能促进头皮血液循环，固发效果明显。

手指梳头法

每日早、午、晚各1次，双手十指弯曲自额上发际开始由前向后梳理头发至后发际。动作要柔和缓慢，边梳边用指腹揉搓头皮，每次5~10分钟。

梳子梳头法

每天早、中、晚用木梳各梳头1次，每次2~3分钟。梳头后再用木梳齿轻轻叩打头发3~5分钟，最后再梳理一遍。

🍃 用手指敲头皮，悉心呵护发根

用手指敲头皮，可以帮助促进血液循环，代谢掉多余的水分，让头发乌黑秀丽。

操作

除拇指外，其余四指并拢。用手指敲头皮，由前向后、由中间向两侧反复敲打。每天早、晚各敲打2~3次，每次敲打半分钟到1分钟。

注意

敲打的时候要用指尖进行，敲打前最好把指甲剪短；敲打时要用点力。

第 4 章　护肤，不只是『面子』问题　·

113

🍃 拧发根，保护滋养头发

拧发根能促进头部血液循环，可以保养发根，使头发纤细秀丽。

操作

把十指伸入到发根，用力拽住发根拧。每次拧的时间可以控制在 3~5 秒，每天早、晚各拧 5 ~ 10 次。

注意

拧的时候不要太用力，感觉到头皮略微疼痛就可以了。

🍃 按揉风池穴，促进头部血液循环

按揉风池穴可疏散在表的风邪，松解局部肌肉痉挛，改善脑部血液循环，稳固发根，防止脱发。

取穴

风池穴位于颈后枕骨下两侧，胸锁乳突肌与斜方肌上端之间的凹陷中。

操作

用双手食指按揉风池穴 1~2 分钟，力度以局部产生酸胀感为宜。

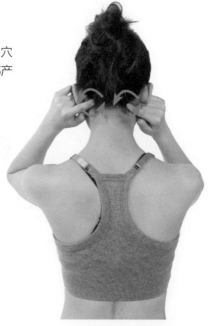

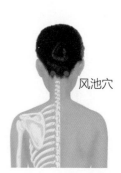

风池穴

消除眼部问题，打造魅力双眼

眼睛周围的"小疙瘩"如何处理

当眼周皮肤上长了"小疙瘩"时，人们往往会误以为是脂肪颗粒，觉得是眼霜用多了，皮肤吸收不了，营养过剩导致的。事实上，这些小疙瘩样的皮肤病变，并非脂肪颗粒，跟眼霜关系也不大，有可能是下列几种皮肤病。

🌿 粟丘疹

眼周的小疙瘩大多为粟丘疹，是一种浅部角化型囊肿。看上去顶尖圆，是珍珠白色球形丘疹。

诱发原因

原发性 跟遗传因素相关。

继发性 常在皮肤出现炎症后出现，使用药物、外伤、皮肤激光治疗术后也容易长粟丘疹。

处理方法

先用 75% 的酒精消毒皮肤，然后用消毒针挑破粟丘疹表面的皮肤，挑出白色颗粒。粟丘疹不治疗也可以，自然成熟后会脱落。

🌿 汗管瘤

汗管瘤是良性的，为表皮内小汗腺导管的一种腺瘤，是一种呈现淡黄色或褐黄色的隆起性小结节。多发于女性，与遗传有一定关系。

不同类型

眼睑型 最多见，对称性分布在下眼睑。

发疹型 成片生长，好发于胸部及上臂。男性多见。

局限型 生长在外阴等部位。发展缓慢，有瘙痒感。

处理方法

需要到皮肤科做激光治疗、电解治疗或手术切除。

是卧蚕还是眼袋

卧蚕和眼袋，都是长在眼睛的下方，不过二者还是有所区别的。

卧蚕
眼袋

名称	位置	特点	形成原因	备注
卧蚕	卧蚕位于下眼睫毛下方，是紧贴眼睑下缘的部分眼轮匝肌	当人微笑时，能够让眼睛看起来更立体，显得青春俏皮	天然生成，不会随着年龄而改变	眼轮匝肌属于面部表情肌，围绕着眼睛，是负责睁眼闭眼的肌肉组织
眼袋	眼袋是眼睛下方三角形的袋状突起	有眼袋的话通常会伴随细纹和皮肤松弛，让人看上去显得憔悴和苍老	眼袋分为先天遗传和衰老松弛两种类型。先天遗传型的眶隔脂肪会突出，但下眼睑的皮肤不会松弛；衰老松弛型的眶隔脂肪会脱出，眼轮匝肌、皮肤也松弛，在眼睛下方形成袋状改变	衰老松弛型眼袋，除了跟年龄增长有关外，不良生活习惯如吸烟、酗酒、熬夜、暴饮暴食等，也是诱因

◢ 如何去眼袋才有效

很多人觉得去眼袋，可以用好一点的眼霜，其实眼霜只起到保湿作用，并不能够去除眼袋。事实上，去眼袋最有效的方式是通过手术治疗。

先天遗传型眼袋
因为其是眶隔脂肪突出造成的，所以要通过手术内切眼袋，也就是翻开下眼睑，从下眼皮切一个小切口，去除眶隔脂肪。不用缝合，也不会留有手术瘢痕。

衰老松弛型眼袋
需要进行外切眼袋手术。不仅要去除多余的脂肪，还要切掉松弛的肌肉和皮肤，这样才能收紧下眼睑部位的皮肤。一般术后修养1周再拆线，会有一条线状的瘢痕，不过会慢慢淡化。

消除黑眼圈，不仅仅是拒绝熬夜那么简单

黑眼圈又被人们称为"熊猫眼"，普遍认为没有休息好或肾功能有问题才会出现黑眼圈。其实，下列几个原因才是导致黑眼圈的主要"元凶"。

眼周血管微循环不好

眼睛周围分布着丰富的血管，如若微循环不良，血液流动不通畅，血红蛋白在含氧量下降的时候，血管的颜色就会发青。再加上眼部皮肤比较薄，可以透过皮肤呈现在皮肤上。这种原因导致的黑眼圈颜色偏青色，也被称为"青眼圈"，多见于年轻人。

应对策略

1. 早睡早起，不熬夜不赖床。
2. 多做眼部按摩，促进眼周血液循环。
3. 热敷眼睛。
4. 适量运动，不要让身体过于疲劳，也利于血液循环。

眼周皮肤色素沉着

如果眼睛周围的皮肤黑色素增多，也会形成黑眼圈，此类黑眼圈颜色偏棕色，也被称为"棕眼圈"。通常过敏性人群中常见，另外也有遗传因素、日晒等原因。

应对策略

1. 注意防晒，除了涂抹防晒霜外，外出时要尽量佩戴可以遮盖住眼周皮肤的太阳镜。
2. 眼妆卸不干净，也容易造成色素沉着。尽量少画眼妆，减少对眼周皮肤的刺激。
3. 可以通过碳酸疗法（在皮下注入高浓度的医用级别二氧化碳）治疗。

眼窝凹陷

随着年龄的增长，皮肤的弹性和韧性有所下降，脂肪组织会减少，眼部肌肉会向下移动，这就是上了年纪的人容易眼窝凹陷的原因，看上去黑眼圈比较厉害。

应对策略

1. 注意防晒，减少光老化。
2. 使用抗衰老的医学护肤品。

用对方法，轻松化解藏不住的鱼尾纹

🍃 眼部皮肤为什么容易长皱纹

皮肤薄

不同部位的皮肤厚度不同，手掌和足底的皮肤厚度一般为 0.8~1.5 毫米，其他部位的皮肤，厚度一般为 0.07~0.12 毫米，而眼部的皮肤厚度大约为 0.6 毫米。

弹性纤维和胶原纤维断裂

随着年龄的增长，皮肤中的弹性纤维和胶原纤维会发生断裂，这样容易导致眼睛周围长皱纹。

紫外线伤害

强烈的紫外线会使角蛋白产生变性，失去原有的弹性和强韧度。

🍃 用对眼霜，化解藏不住的鱼尾纹

选购眼霜时，成分表中最好有下面几种成分。

神经酰胺	皮肤的角质层中，有一半成分是由神经酰胺构成，它能够保持角质层的含水量，对抗皮肤干燥。因此，含有神经酰胺的眼霜，可以快速渗透眼部皮肤，起到淡化细纹的功效
辅酶 Q_{10}	辅酶 Q_{10} 属于脂溶性的抗氧化剂，不仅能够减少眼部细纹，还对眼袋和黑眼圈有一定的改善作用
透明质酸（玻尿酸）	具有很好的补水保湿效果
多肽类	具有促进真皮层生成胶原蛋白和透明质酸的功效。对动力性皱纹有良好的效果
维生素 C	促进真皮层生成胶原蛋白，另外还有抗氧化的功效
维生素 E	抗氧化功效好
维生素 A（视黄醇）及其衍生物	有助于促进皮肤产生更多的胶原蛋白和透明质酸，保湿效果好

🍃 做眼部按摩，去除眼角皱纹

眼部按摩可增加眼部皮肤的血液循环，使皮肤得到很好的滋养，预防皱纹产生。

操作

用左、右两手的无名指分别在左、右两侧眼角处以画圈方式按摩。每次按摩 3 ~ 5 下。

注意

上述动作长期坚持，可以取得理想效果。另外，需要注意的是，按摩力度要轻，不要过度牵拉皮肤，避免生成皱纹。

🔍 **孙大夫有话说**

眼霜不是万能的

眼霜具有很好的补水、保湿、滋润的功效，可以缓解皮肤干燥和浅表性的细小皱纹，但对真皮层胶原蛋白流失和弹性纤维断裂而形成的深层皱纹无效。

深层皱纹往往与日常表情管理有关，如果表情肌活动过于夸张（大笑、大哭、大怒），都可能加深深层皱纹程度。

如果想要达到比较明显的去除鱼尾纹的效果，可以采用注射肉毒素等医美方法。

一亲芳泽，
嘴唇也需要健康呵护

唇部常见问题及应对策略

● 干燥开裂

因为唇部的皮肤很薄，只有相当于身体正常皮肤的 1/3 的厚度，而且没有皮脂腺和汗腺，无法形成天然的皮肤屏障，所以唇部非常容易干燥开裂。除了天气干燥、不爱喝水及爱舔嘴唇等因素外，长期服用某些药物，也会出现口唇开裂的情况。另外，卸妆不彻底和抽烟喝酒也会引起口唇开裂。

● 唇部老化

随着年龄的增长，唇部皮肤也会逐渐老化，一般表现为唇部表情肌松弛；上唇变薄、变长；下唇变薄、松弛、外翻；口角下垂、口角蜗轴饱满度降低；唇弓变直、唇珠不显；口周皱纹产生等。

应对策略
1. 多喝水，多吃蔬菜和水果，及时补充水分，利于唇部皮肤的恢复。
2. 必不可少的是涂抹润唇膏。如果经常在户外工作，可以选择有防晒功能的润唇膏。
3. 千万不要用手撕起皮的部位，也不要用舌头反复舔。

应对策略
注射肉毒素可以解决唇部老化问题。

如何进行唇部护理

很多人对唇部的护理仅限于干的时候涂上润唇膏，甚至有的人不知道嘴唇还需要护理，虽然只是嘴唇，但不好好护理同样也会长出唇纹、色斑，变得暗淡无光。想要完美皮肤，唇部护理决不能忽视。

颈纹，
你应该关注的美容盲区

颈部皮肤的常见问题

因为颈部的皮肤厚度约为脸部的 2/3，而且皮脂腺不发达、颈部活动度大，所以很容易干燥，如果再不细心呵护很容易生成颈部皱纹。颈部皱纹主要分为两种，一种是生理性老化导致的皱纹，另一种是光老化导致的皱纹。

如何进行颈部皮肤日常护理

🌿 颈部护理第一步是清洁

首先用轻柔的按摩手法来涂抹洗面奶。然后清洗干净。由于颈部皮肤偏干，需要选择温和型的洗面产品。

孙大夫有话说

针对已经存在的颈纹，注射肉毒素、使用超声刀等医美治疗效果会比较好。

🌿 颈部护理第二步是保湿

清洗干净皮肤后，用毛巾轻按颈部的水珠，切记不要上下来回抹擦。然后再涂抹颈部护肤品（也可以用面霜代替）。自上而下进行按摩。也可以敷颈膜进行保湿，不过最好是根据皮肤实际状态进行敷贴。

🌿 颈部护理第三步是做好防晒

外出时一定要防护好颈部皮肤，避免光老化。

拯救胸部皮肤，做"挺"好女人

呵护胸部皮肤，需注意两点

做好防晒

如果穿领口偏低的衣服，需要注意防晒，避免紫外线照射导致皮肤光老化。

清洁＋保湿

乳房部位	由于乳房的皮肤相对薄一些，不宜使用清洁过强的沐浴用品。清洗时动作要轻柔，不要用力挤压、牵拉乳房，以免造成乳房变形、下垂
乳头部位	清洗乳头时，切记不要抠剔乳头上已经发干的分泌物，可以先用温水湿润一下，待分泌物软化后再进行清理
乳晕部位	乳晕部位有很多腺体，能够分泌油脂来保护皮肤，很容易沾染污垢，所以清洗乳房时，千万不要忘记清洗乳晕部位

乳房皮肤出现下列症状，需要引起重视

异常症状	预警后果
红、肿、热、痛	提示乳房有炎症，如乳房脓肿、急性乳腺炎等
乳房表皮出现浅静脉扩张	提示可能有炎症、肉瘤、外伤、癌症
乳房皮肤出现水肿，毛囊处凹陷，形成橘皮征	也许只是普通炎症，但也有可能在预警乳腺癌
乳房局部皮肤出现"小酒窝"	预警结核、乳腺癌、乳房外伤、乳房脂肪萎缩等

胸部健美操

🍃 美胸小动作

可以有效地牵拉乳房及周围皮肤参与运动，起到美胸效果。

1　身体直立，双脚分开，与肩同宽，抬起脚跟，收紧臀部。伸开十指，掌心向下。保持此动作15～20秒，还原到直立姿势。

2　双手交叉放在身后，手臂伸直，头微微抬起。保持此动作15～20秒，还原到直立姿势。

3   身体下蹲，两手放在外膝眼处，眼睛平视，脚跟踮起呈欲跳跃姿势。保持此动作 15 ~ 20 秒。

4   深蹲下去，手放在身体两侧，直至臀部碰到脚后跟。保持此动作 15 ~ 20 秒。

特别提醒

女性丰胸有两个最佳时间段，从来月经起的第11~13天，以及第18~24天。这10天里，进行丰胸练习效果更好。

胸背部的痘痘，该如何处理

胸背部的皮脂腺分泌旺盛，所以胸背部也是痤疮的好发部位，但是胸背部痤疮有时需要与传染性软疣相鉴别，而且容易出现突发性的均匀一致的毛囊丘疹，往往是同时伴发糠秕孢子菌继发感染。

传染性软疣

俗称"水瘊子"。"痘痘"是皮肤颜色的圆形小丘疹，中间凹陷，表面会呈现出蜡样光泽。

糠秕孢子菌毛囊炎

糠秕孢子菌毛囊炎是由于真菌感染造成的。看起来比脸上的饱满一些，摸起来硬硬的，有时候还可能会有脓头。一般情况下，糠秕孢子菌会在皮肤屏障受损后成为致病菌，引发糠秕孢子菌毛囊炎。

美手，呵护你的
"第二张脸"

为什么手部比脸部更易衰老

很多人都非常重视脸部皮肤的护理，却对使用频率最多的手失于护理。手部算是一天中最忙碌的部位了，吃饭要用手，打字要用手，取快递要用手，等等。在手使用过程中，需要多次的弯曲，手部皮肤和肌肉也会频发的拉伸和收缩，再加上经常洗手或清洗其他物品，手部接触洗涤产品的次数最多，而手部的皮脂腺本身就偏少，根本无法补充经常洗手导致的皮脂损失，最终就会造成手部皮肤过于干燥、老化。

另外，人们外出会非常在意面部的防晒却忽略了手部的防晒，光老化也是手部比脸部更易衰老的原因之一。

怎样选择洗手液和护手霜

手部经常接触各类物品，会沾染比较多的细菌，因此常洗手是保持手健康的必备功课。接下来简单介绍一下如何选择洗手液和护手霜。

洗手液的种类

普通洗手液	能够起到清洁去污的作用，但不一定具有抑菌或杀菌功效
特种洗手液	具有抗菌抑菌功能的洗手液
免洗洗手液	不需水洗的洗手液
免洗手消毒液	添加了灭菌成分的手部消毒产品。可做应急消毒洗手使用，不建议作为常规清洁方式

护手霜的种类

保湿型	分为吸水型和保水型，适合手部干燥缺水、经常使用电脑的人群使用
防护型	滋润度高，适合经常做家务的人群使用
防晒型	具有防晒且润泽手部皮肤的功效，适合常在户外工作或骑车的人群使用
去角质型	含有果酸成分和去角质颗粒，适宜手部粗糙肤质、角质层发达、经常出现死皮倒刺的人群使用

🔊 孙大夫有话说

切记爱护你的指甲

认真涂护手霜。在涂护手霜的时候，不能只涂皮肤的表面，而要仔细按摩每一根手指，以及指甲附近的硬皮和指甲表面。

正确修剪指甲。剪指甲不要太用力，也不要剪得太短，以免破坏皮肤。指甲的长度保持和指尖平行即可。

涂指甲油前记得先涂上底液。底液不但可以让指甲油比较好卸掉，而且能保护卸后的指甲不发黄或断裂。

不同人群手部皮肤护理方法

● "主妇手"——易衰老

必须要有几副专业手套

在提重物或搬运粗糙物品时，须涂上护手霜，戴上厚实耐磨的劳动手套；在接触刺激性液体，如洗洁精、洗衣粉时，记得给手部涂护手霜，戴橡胶手套。

"主妇手"护理要点

勤涂护手霜

戴上防护手套再干活

● "户外手"——黝黑粗糙

清除倒刺

把双手在温水中泡 10 分钟，用热毛巾轻轻擦掉多余水分，涂抹死皮软化膏，使用专用的手部去死皮工具将指甲周围的倒刺去除，指甲边缘会长出新皮。在指甲周围涂抹护手霜，避免开裂和脱皮。

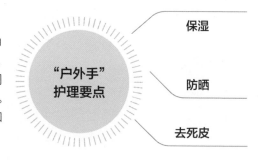

"户外手"护理要点

保湿

防晒

去死皮

● "手术手"——干、痒

一定要用护手霜

对于外科大夫以及接触到手术的医护人员，每天都有一件必须要做的事情，就是刷手，不是只用肥皂洗手，还要用刷子刷手，刷完以后再用碘酒、酒精消毒才能保证手术绝对的无菌，所以很多大夫的皮肤很不耐受，手术完以后皮肤又干又痒，这个时候要抓紧时间涂抹护手霜。正规品牌的护手霜，含有凡士林、硅油，有滋润的成分，可以很好地滋润皮肤。

养好皮肤 年轻20岁

·

128

洗碗小妙招

常用的碱性洗涤液对手伤害很大，可以尝试戴胶皮手套，但是也不能一直戴着胶皮手套做家务，尽量不超过 10 分钟。另外洗碗的时候少用洗涤液，改用温水，洗完以后再洗手、抹大量的护手霜。还有一个小方法，那就是把这个任务交给家里的男性，因为男性的皮肤比较粗糙，不容易被洗涤液伤到。

手上长疱脱皮怎么办

起疱是湿疹的开始，之后非常痒，然后脱皮，皮脱掉以后长出来鲜肉，这种现象是非常常见的，临床上称为"汗疱疹"。汗疱疹是因为太热了，需要出汗来散热，散热过程中，汗孔没有那么多，也没有及时张开，就会顶起一个水疱；还有人处于高度紧张的状态，出的汗和汗孔不协调，这种人汗疱疹就会非常严重，水疱长得很大。不同程度的汗疱疹都给人们带来一定的困扰，汗疱疹的早期是炎症，可以用一些弱效的激素，及时消炎止痒即可；水疱破了以后，皮肤角化，需要抹大量的护手霜，有助于破裂处长出新皮。

汗疱疹不是一个根治的问题，与自身代谢有关，一般年轻人出现的多，工作紧张、熬夜、生活不规律，就容易长汗疱疹。但是当你逐渐成熟稳定、工作有规律的时候，汗疱疹会自愈。汗疱疹没有传染性，也不用忌口，早期用激素止痒，晚期用护手霜、维 A 酸促进代谢。如果是特别严重的汗疱疹，可能是因为你性子比较着急，或者熬夜熬的太厉害，或者是有一些让你特别兴奋或者着急的事，这时调整自己的自主神经功能，汗疱疹也是会减轻的。

像护脸一样呵护你的双足

足部皮肤最常见的问题是脚后跟干裂

秋、冬季节，很多人会遇到脚后跟干裂的情况。干燥的表皮上，一道道深深的裂痕，走起路来钻心的痛。

诱发原因

气候干燥

在气候干燥的时候，皮肤很容易缺水，就容易导致脚后跟开裂。

体内缺乏维生素

如果体内缺乏维生素，也会导致脚后跟开裂。

维生素 E 缺乏，导致皮肤失去弹性；维生素 A 缺乏，导致表皮细胞角质化、变硬；维生素 B_2 缺乏，导致皮肤干燥脱屑。

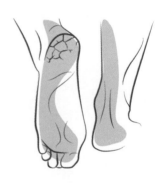

防护要点

1　当脚后跟皮肤比较干燥、手感粗糙的时候，就要提早做好防护了。购买含油量较高的保湿霜涂抹。需要注意的是，最好先用温水泡脚，去掉脚上的死皮后再涂抹保湿霜。

2　如果脚后跟的皮肤除了开裂外，还有水疱、脱皮、瘙痒等症状，就可能是脚气、湿疹等皮肤疾患，单纯涂抹保湿霜，是无法缓解症状的，需要到正规医院皮肤科就诊。

3　睡前泡脚，然后用软毛刷刷洗后，涂抹维生素 E，穿上袜子。

4　在洗脚盆里放一层盐，稍微淋上一点水使其湿润后，脚放在里面来回滑动，之后冲洗，擦干后涂抹保湿霜。

趾甲养护注意事项

在夏季，爱美的女性经常赤足穿鞋，这样就会使趾甲外露，如果保护不当，很容易遭到碰撞损伤。为了呵护趾甲健康，可以按照下面的方法来保养。

注意清洁

趾甲的甲沟和甲游离缘下，非常容易滋生细菌和其他微生物，所以要注意清洁。不仅要泡脚或用流水冲脚，还要经常用软毛刷沾着肥皂水刷洗。

定期修剪

用修甲刀清理掉趾甲缝隙的污垢，并用打磨棒打磨趾甲，这样可以避免趾甲端的软组织损伤。

一般 1~2 周修剪一次即可。需要注意的是，不要剪得太短。

加强防护

如果您穿着裸露脚趾的鞋子，就要加强防护，避免趾甲因磕碰而受损，造成甲板与甲床剥离和外翻。另外，也要注意预防腐蚀性液体。还有一点，经常做美甲的女性，不要长期粘贴假甲片，以免影响趾甲的生长和水气交换，使趾甲变薄变软。

积极治疗趾甲疾病

有些人因真菌感染，患上了灰指甲，趾甲变厚、变色、变畸形、变碎渣。因为不好意思，而拒绝上医院诊治。其实，灰指甲是可以治愈的，只要选择正规医院皮肤科，严格遵循医嘱，使用口服药物（特比那芬片 + 伊曲康唑胶囊）和外涂药物（阿莫罗芬擦剂），大部分患者能痊愈，趾甲的色泽恢复到正常。

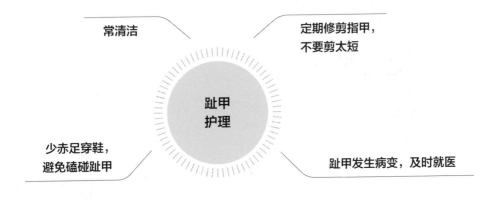

常清洁

定期修剪指甲，
不要剪太短

趾甲
护理

少赤足穿鞋，
避免磕碰趾甲

趾甲发生病变，及时就医

足部皮肤护理步骤

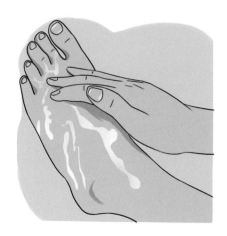

1   将脚洗干净后，涂上磨砂膏，一边涂抹一边按摩，可以有效地去除足部皮肤多余的角质。建议使用食盐或尼龙粉末等刺激性小的磨砂膏。

2   将磨砂膏清洗干净后，在脚背上涂抹润足乳。从脚趾头开始按摩，一直到脚踝方向。

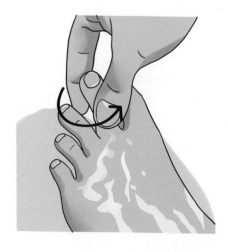

3   用手握着脚趾头，按逆时针方向转动，从脚趾根部开始转动，每个脚趾转动 25 下。

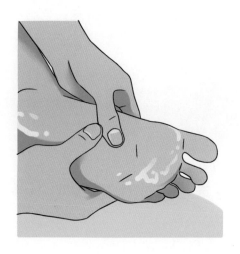

4　以脚心为中心，按摩足底。足底的皮肤容易生茧，比较坚硬粗糙，可以多涂抹一些润肤霜后再按摩。

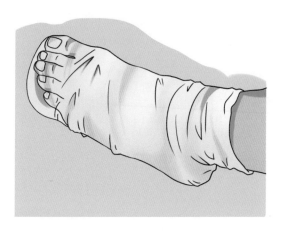

5　按摩完足底后，可以做足膜。在脚上涂抹润足乳后，用保鲜膜包裹住脚部皮肤，静止 10 分钟左右。也可以购买足膜，用起来比保鲜膜方便。

孙大夫有话说

足部皮肤日常护理注意事项

　　洗脚时，最好将双脚在温水中浸泡10分钟软化角质和死皮，水温不宜过低或过高，泡脚时间不宜过长。

　　在死皮堆积的重点部位如脚跟、脚掌靠近拇趾根部的球形部分、脚后跟，多涂抹磨砂膏，加强按摩。值得注意的是，女性穿高跟鞋导致的茧不能一次清理干净，需要耐心地一点点地清理。

　　足部皮肤去完角质后，皮肤比较薄，容易受伤害，要从脚趾到脚踝，均匀涂抹润足乳。另外，需要注意足部皮肤防晒，不要光脚穿鞋。

孙大夫答疑： 皮肤美丽说

护肤精华液怎么使用效果好

选对合适的精华液类型

精华液类型	适合年龄	适合肤质	备注
美白功效	成年后皆可使用	任何肤质都可以使用	如果成分中含有果酸，敏感性肤质和干性肤质要慎用
抗衰老功效	20岁以上	大多数肤质可以使用，尤其适合干性肤质	使用抗衰老精华液的同时，一定要注意防晒
控油功效	青春期后期，皮肤出油过多时	适用于油性肤质和混合性肤质	为了保证更好的控油效果，使用该功效精华液的同时，在饮食上要尽量避免食用高糖、高脂类食品
保湿功效	任何年龄段皆可使用	任何肤质都可以使用	
舒敏精华	皮肤出现过敏情况即可使用	干性肤质、敏感性肤质比较适用	

如何使用精华液

皮肤均匀涂抹上柔肤水之后再使用精华液，这样精华液中的水分和营养才能被更好地吸收。

精华液的使用量以夏天每次2～3滴、冬天每次3～5滴为宜。T形区每天擦1次即可，眼睛和嘴唇周围需要擦2次。

第 5 章

孕期精心呵护皮肤，
杜绝"一孕丑三年"

备孕阶段，
增加皮肤营养

爱美是女人的天性，准备怀孕的女性也可以让自己的皮肤更美丽。在这个阶段，女性朋友们只需要在美容和衣着上做一些调整就可以。

注意事项

准备怀孕的女性在备孕期间也可以使用护肤品，推荐用医学护肤品。

护理要点

护理好头发

现在虽然没有证据证明染发和焗油对胎儿有害，但染发剂大多含有重金属和甲醛等物质，所以在备孕期间最好不要烫发和染发。

在护发的时候，要注意洗发水的使用。如头发特别油腻，要用含有特殊配方的洗发水来洗头，或用婴儿洗发水代替成人洗发水。如果你觉得梳头麻烦，可以剪短发或换成易于打理的发型，让你的头发美丽健康。

注意防晒和保湿

外出时可以使用含有遮光剂的粉底霜或面霜，涂抹在皮肤裸露的部位，防止阳光紫外线的伤害；还可以使用保湿面霜锁住皮肤的水分，以防止皮肤缺水。此外，嘴唇干燥和开裂的话，可以多喝水，并用润唇膏来改善。

注意面部护理

准备怀孕的女性不要浓妆艳抹，要定期护理皮肤。在选择护肤品时，可以选择适合的洗面奶，避免使用肥皂，因为肥皂太粗糙，不适合面部皮肤护理。此外，注意使用温和的清洁用品，这样不仅能彻底清洁皮肤，去除毛孔污垢，还不会伤害皮肤。

手和脚的皮肤护理

准备怀孕的女性尽量剪短指甲，保持指甲干净。可以用温水泡脚或洗热水澡，洗后用薄荷油或橄榄油按摩脚，这样不仅可以护理脚部皮肤，还有助于缓解疲劳。

怀孕阶段，
给皮肤充分滋润

皮肤状态

怀孕后，孕妈妈的皮肤会出现妊娠纹、色素沉着等变化，让爱美的孕妈妈们很是烦恼。其实，有些皮肤变化是正常现象，孕妈妈不必烦恼。接下来，我们就来说说那些正常的皮肤变化。

妊娠纹

有 90% 以上的孕妇会出现妊娠纹，这可能是怀孕后腹部膨胀、激素水平和遗传易感性增加共同造成的。

皮肤色素沉着

有些孕妈妈自从怀孕后，身上的某些部位会出现色素沉着。例如，脖子和腋窝下会变黑，外阴皮肤和乳房的乳晕部位的颜色加深，在肚皮中央出现一条黑线（腹中线的位置）。

孕妈妈不需要担心，这些都是正常的现象。色素沉着多是由于孕期的激素（孕激素、雌激素、促黑激素）分泌增多造成的。

掌红斑

怀孕后，有的孕妈妈手掌的颜色变得比以前红，看上去有点像肝炎患者的"肝掌"。其实，孕妈妈的肝功能正常的话就不用担心。孕期手掌变红是因为怀孕后激素水平升高导致的，是正常现象；而肝炎患者的"肝掌"是由于肝脏灭活激素的能力下降使体内激素水平升高导致的。这两者是完全不同的，所以孕妈妈不用太过于担心手掌心变红。

另外，孕妈妈还可能出现蜘蛛痣等血管变化，不用担心，这些都是正常的。

皮肤上的小疙瘩

怀孕后，有的孕妈妈颈部和外阴皮肤可能会长出一种细长、柔软的小突起，这是皮肤软纤维瘤。因为影响美观，有的孕妈妈为此很苦恼，有时候会不自觉地去摸、抠，造成了不必要的皮肤感染。

其实，这种突起的小皮赘，在生完宝宝后有些能够自行消退，不能自行消退的也可以用冷冻、激光等方法去除。

毛发出现变化——多毛症

孕妈妈的面部、下腹部、阴阜中线会出现毛发增多的现象，但在妊娠晚期或分娩后可能有脱发的现象。

注意事项

● 孕期特有的皮肤病，要及早治疗

　　有的孕妈妈得了皮肤病，但怕用药对肚子里的宝宝有伤害，一直硬扛着。其实，早点去医院，及时得到皮肤科医生的专业治疗才对。

妊娠疱疹

多出现在孕4~5个月，表现为水疱，伴有发热和皮肤瘙痒。水疱破溃后会结痂。

疱疹样脓疱病

孕妇特有的一种严重皮肤病，会伴有脓疱性皮损，同时还可能会有高热、呕吐、腹泻、关节痛、手脚抽搐等症状。

妊娠瘙痒疹

多发生在孕中期，由腹部皮肤开始，逐步扩散至全身。这是一种小丘疹，特别痒，如果抓破会有血痂，皮肤会变粗变厚。

妊娠丘疹性皮炎

可以出现在身体的任何部位，有红斑、风团样的丘疹，特别痒。

妊娠期念珠菌性阴道炎

表现为白带增多，阴道瘙痒、灼痛，白带稠厚呈凝乳状或豆腐渣样，可伴有性交痛、尿频、排尿不适或尿痛。

孙大夫
美肤妙计

孕妈妈选用护肤品，
一定要看成分

在孕期是可以用护肤品的，但含有下列成分的护肤品尽量避免。

维 A 酸及其衍生物	口服维 A 酸会导致胎儿畸形，为了安全起见，也不要外用含有维 A 酸的护肤品（如视黄醇棕榈酸酯、维生素 A 亚油酸、维生素 A 醇、维生素 A 醛）
精油类	成分复杂且穿透性强，孕期尽量不要使用
果酸类	大多数孕妇的皮肤比较敏感，而果酸类护肤品有一定刺激性，所以尽量避免使用。可以选择一些天然成分的，专门针对敏感肌的护肤品
彩妆类	彩妆产品中成分较多，为了胎宝宝的安全，尽量不用。不过，为了美美地拍孕妇照，偶尔使用一次也不要有心理压力
可能含重金属类的产品	如一些美白效果特别好的产品，可能添加了过量的重金属，会影响胎儿的发育，这类产品要坚决避免使用

除上述成分的化妆品外，孕期尽量不要涂指甲油和喷雾发胶，因为里面的邻苯二甲酸盐成分会影响胎儿的生殖系统发育。另外，也要尽量避免烫发和染发，减少胎宝宝患先天性疾病的风险。

护理要点

🍃 防晒＋保湿，孕期护肤两大要点

做好防晒和保湿，可以保护好皮肤屏障功能，减少皮肤感染的概率。

忽略了保湿，会导致皮肤出现细纹、老化、干燥、敏感等问题。

忽略了防晒，由于孕期激素水平的改变，细胞会变得更加活跃，容易产生黑色素。如果在这种情况下，防晒没有做到位，受到阳光的刺激，非常容易形成黄褐斑。

🍃 孕期必做基础护肤

简单清洁

选择成分简单的、以清洁功能为主的洗面奶，或用清水清洗面部皮肤。

有效保湿

皮肤不是特别干燥： 每天涂抹1~2次保湿乳。

皮肤比较干燥： 每天涂抹2次保湿霜或者使用成分单一、不易致敏的保湿面膜，如以透明质酸成分为主的面膜。

物理防晒

孕妈妈防晒，以物理防晒为主，如用衣帽、手套、遮阳伞、太阳镜来阻挡。尽量少用或不用防晒霜。

养好皮肤　年轻20岁

·

如何预防妊娠纹

妊娠纹通常是怀孕 4 个月之后逐渐出现的，想要预防，孕妈妈一定要把握先机，在孕中期就开始预防。

● 控制好体重的增长

孕中、晚期每个月体重增长不要超过 2 千克，不要在某一个时期暴增，使皮肤在短时间内承受太大压力，从而出现过多的妊娠纹。另外，维生素 C 能增加细胞膜的通透性和皮肤的新陈代谢功能，淡化并减轻妊娠纹，因此孕妈妈可以多吃富含维生素 C 的食物，如猕猴桃、鲜枣、橘子、胡萝卜等。维生素 E 也有滋润皮肤的作用，平时可适量摄入坚果、橄榄油等。

● 用专业的托腹带

专业的托腹带能有效支撑腹部重力，减轻腹部皮肤的过度延展拉伸，从而减少腹部妊娠纹。

● 按摩增加皮肤弹性

从怀孕初期就坚持在容易出现妊娠纹的部位进行按摩，增加皮肤的弹性。按摩油最好是无刺激的橄榄油或宝宝油。

● 使用预防妊娠纹的乳液

市面上有很多预防妊娠纹的乳液，可以选择使用，但要咨询清楚，避免对胎宝宝造成伤害。

腹部下端是最容易出现妊娠纹的地方，可以将按摩乳放在手上，顺时针方向画圈，边抹乳霜边按摩腹部，能有效预防妊娠纹。

⌓ 孙大夫有话说

哪些人比较爱长妊娠纹

有妊娠纹家族史的孕妈妈
遗传基因导致的。因此如果孕妈妈的母亲身上有妊娠纹，那么她产生妊娠纹的可能性会比较高。

孕期体重增加比较多的孕妈妈 / 本身体重超标的孕妈妈
如果孕妈妈本身体重偏重，或者孕期体重增加太多，导致肚子太大，这样一来腹部皮肤真皮内的弹力纤维的支撑结构会发生断裂，从而导致出现妊娠纹。

怀孕时年龄较小的产妇（小于 20 岁）
由于年龄较小，皮肤里的原纤维蛋白脆性有所增加，因此会导致妊娠纹的发生。

个人体质导致
妊娠纹的出现与皮肤抗拉力和恢复能力有关。如果孕妈妈皮肤抗拉力和恢复能力较差，就有可能长妊娠纹。

产后阶段，
精心呵护受损皮肤

孕产期是女性一生中重要的皮肤养护阶段。如果在这个时期错过皮肤的最佳修复时机，往往会造成不可逆转的皮肤衰老和损伤。因此，为避免孕妈妈产后有类似"黄脸婆"等皮肤现象，一定要重视产后的皮肤护理。

皮肤状态

女性在生产后，不管是顺产还是剖宫产，身体健康多多少少会出现些问题。这时，如果不注意皮肤护理，产后的女性就会发现有很多皮肤问题，如皮肤暗沉、无光泽，皮肤的弹性不好，变得松弛，尤其是令人烦恼的妊娠纹。

注意事项

产后是女性进行调养的重要阶段，是皮肤恢复的关键时期。产后女性皮肤的恢复期还是比较长的，有的可能会需要 3~5 个月的时间。如果皮肤恢复不好，那么可以说明产后身体恢复得也不好，因此产后皮肤护理要注意这些事项。

● 补气养血

大部分女性产后都会失血，造成脸色发黄，因此在饮食上要多吃一些补气养血的食物，如红枣、葡萄、乌鸡等。

● 注意去角质

女性产后皮肤会因为角质层过厚变得暗黄，所以要改善皮肤，就要注意去除角质层。在这个过程中可以使用去角质层霜，也可改变洗脸方式，一边洗脸一边按摩，有利于产后皮肤弹性的恢复。

● 美白祛斑

在怀孕和生产后，有些女性会因内分泌的变化，脸部出现大量色斑沉着，虽然产后色斑会变淡，但并不会完全消失。为避免色斑影响皮肤容貌，产后就需要做好美白祛斑，除了使用产后护肤品，还可通过饮食调养身体，如多吃一些含维生素 C、维生素 E 及蛋白质的食物，可有效抑制代谢物转化为有色颗粒，减少黑色素的生成。

● 注意紧致皮肤

女性产后由于体内激素水平的变化等原因，会出现皮肤松弛、缺水等，此时可针对性地使用产后护肤品，让皮肤得到充沛滋养，恢复活力。

护理要点

很多产后妈妈因为要忙着照顾宝宝，往往忽视了对自己皮肤的护理。其实照顾宝宝和护肤是可以兼顾的，产后进行皮肤护理很重要，如果护理得好，不仅对皮肤好，对自己的心情也会很有帮助，那该怎样做呢?

● 注意个人卫生

很多人都听说民间有坐月子期间不能洗澡、不能洗头的说法，其实这是不正确的。当妈妈伤口愈合情况好，可以进行身体清洁时，就应做好皮肤清洁工作，选择淋浴，禁止盆浴，不然很容易导致皮肤感染，患上毛囊炎等疾病。不洗头则可能带来脂溢性皮炎等问题。

● 注意皮肤保湿

女性产后内分泌变化大，会造成皮肤屏障功能等的损伤。皮肤会出现缺水干燥的情况，因此注意保湿不仅能恢复皮肤活力，还能恢复皮肤屏障功能。尤其对于干性皮肤和中性皮肤的产后女性，单纯喝水或者通过饮食来保湿还不够，还需要适当使用保湿护肤品。

注意防晒

女性在生产前后皮肤会产生很大变化，特别是产后一般会有妊娠纹等皮肤问题。阳光的照射和紫外线都会加重原有色斑，因此产后要注意防晒。

多吃新鲜蔬果

女性产后除了使用护肤品，还可以多吃蔬菜、水果等对皮肤进行保养，如黄瓜、柠檬、鸡蛋、牛奶等。

产后妊娠纹的护理

怀孕期间，很多孕妈妈的大腿、腹部和乳房上会出现一些宽窄不同、长短不一的粉红色或紫红色的波浪状纹，这就是妊娠纹，主要是这些部位的脂肪和肌肉增加得多而迅速，导致皮肤弹性纤维因不堪牵拉而损伤或断裂形成的。妊娠纹会在产后变浅，有的甚至和皮肤颜色相近，当然为了让皮肤更美，可以通过下面的方法进行护理。

1
可以适当补充骨胶原，增强皮肤的弹性，让断裂的弹性纤维快速恢复。

2
注意腰腹部、大腿等妊娠纹高发部位的皮肤护理，可以每天涂抹保湿、滋润的护肤品，边涂抹边按摩。这虽然不能消除妊娠纹，但对这些部位的皮肤保养会起到一定的作用。

3
可以在产后保证身体健康的情况下进行激光、黄金微针等方式治疗，尽量刺激妊娠纹长平，然后消失。尤其是黄金微针射频，能够有效地淡化妊娠纹。

怎样不留下又丑又硬的瘢痕

剖宫产后留下的伤口痕迹就是瘢痕。这些瘢痕又丑又硬，不仅会让皮肤变得很不好看，而且会影响妈妈们的心情。刚开始瘢痕会有红、肿、痛、痒等反应，但是如果养护得好，3~6个月之后，瘢痕会慢慢变平，颜色变淡，最后变得不明显。那么怎样养护才好呢？

1

术后要保持伤口清洁，避免感染，术后1个月内避免做剧烈运动，也不要过度伸展或侧屈，以减少腹壁的张力。

2

当瘢痕开始增生时，皮肤会出现痛痒感，特别是在夏天大量出汗时，刺痒会加重，但一定不要用手抓，可在医生指导下涂抹一些外用药物止痒，如氟轻松、地塞米松等。

3

刀口结痂后不要过早地去揭掉，最好让其自行脱落。另外，新生皮肤受到紫外线刺激后容易留下黑色素沉着，因此，应避免阳光照射。

4

在饮食上要注意加强营养，多吃新鲜蔬菜、水果、蛋、奶、瘦肉等富含维生素C、维生素E和人体必需氨基酸的食物，以促进血液循环、改善表皮代谢功能，忌吃辛辣刺激的食物。

孙大夫答疑：

皮肤美丽说

1 怎样洗头能避免脱发、发丝分叉？

产后新妈妈新陈代谢旺盛，汗液分泌多，容易导致头皮和头发变脏，所以新妈妈应该及时洗头，保持个人卫生。洗头可以促进头皮的血液循环，增加头发生长所需的营养，避免脱发、发丝撕裂或分叉。产后头发较油腻，也容易脱发，所以洗发用品最好选择温和的，不要太刺激。洗后要及时把头发擦干，并用干毛巾包一会儿，避免着凉。

2 产后没几天，就出现了乳晕痒、乳头湿疹的情况，怎么办？

乳头湿疹是哺乳妈妈常见的一种过敏性皮疹，乳头、乳晕、乳腺皮肤都可能会出现，会让妈妈感到非常痒，但是又不宜抓挠。出现这种情况时，外用润肤剂即可。

4 剖宫产后如何避免瘢痕增生？

剖宫产之后有瘢痕是非常正常的，如何不让瘢痕鼓起来？刚缝完的时候可以抹抗生素；在瘢痕愈合过程中，用瘢痕贴，瘢痕贴里含有硅酮，如果有粘膏的话可以粘到瘢痕处，减少肌肉的张力，尽量减轻瘢痕；经常按摩瘢痕周围的皮肤，加快血液循环也是可以的；轻度瘢痕体质且已增生的，可以做局部的激素混悬液，进行皮下封闭，使增生的瘢痕尽量变小；还有瘢痕增生的特别厉害的，属于瘢痕体质，可以去整形外科做整形切除，切除完了以后做放疗。

3 妊娠纹可以去除吗？

妊娠纹的形成是不可逆的，所以在怀孕的时候，尤其是到5个月以后，一定要保护腹部的皮肤，加强局部血液循环，保证皮肤的弹性，可以抹润肤的护肤品。已经形成的妊娠纹，如果是细纹，可以去正规美容机构做光子嫩肤、微针、黄金微针；如果是特别重的妊娠纹，只能抹润肤乳慢慢改善，很难恢复正常，所以一定要做好妊娠纹的预防。

第 **6** 章

如何正确
看待医美

光子嫩肤，
还你紧致嫩白完美皮肤

光子嫩肤是一种高科技美容方式。所谓"光子"，就是强脉冲光，可以选择性地作用于皮肤表面，能穿透至皮肤深层，分解色斑，闭合异常的毛细血管；另外，还能刺激皮下胶原蛋白的增生，对皮肤的养护有帮助。

光子嫩肤的效果

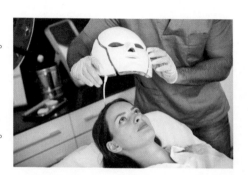

1　有效改善痤疮、光老化等皮肤问题。

2　抚平细小皱纹，令皮肤紧致。

3　去除面部红血丝。

4　可以祛斑美白。

5　可以收缩毛孔，改善毛孔粗大问题。

6　改善面部皮肤粗糙问题。

哪些人适合光子嫩肤治疗

1　面部有各种色斑的人。

2　面部皮肤出现松弛、有细小皱纹的人。

3　想改变皮肤质地，希望皮肤有弹性、更光滑的人。

4　面部皮肤粗糙、毛孔粗大的人。

5　有青春痘印记、面部毛细血管扩张的人。

光子嫩肤的原理

光子嫩肤针对痤疮、皱纹、毛孔粗大、光老化皮肤，利用强脉冲光迅速有效地分解面部色素颗粒，改善皮肤整体质量。

光子嫩肤针对细小皱纹，利用强脉冲光作用于皮肤后能产生光化学作用，恢复皮肤原有弹性，刺激成纤维前体细胞分泌更多胶原蛋白，抚平细小皱纹，令皮肤紧致。

光子嫩肤针对色斑、红血丝，利用其可无损伤穿透皮肤特性，并被组织中的色素团及其血管内的血红蛋白选择性吸收，可以在不破坏正常组织细胞的情况下，让血管扩张，色素团块、色素细胞等被破坏和分解，达到祛斑美白、去除红血丝的作用。

○ 孙大夫有话说

光子嫩肤的禁忌人群

1　1个月内接受过或有可能在治疗后接受阳光暴晒的人。
2　心脏病、高血压、癫痫病、糖尿病和有出血倾向的人。
3　治疗部位皮肤有感染的人。
4　孕妇。

光子嫩肤的治疗步骤

1　带上护目镜，注意全程闭眼。
2　在治疗部位涂上专用冷凝胶。
3　将光子嫩肤仪的治疗头导光晶体轻放于治疗部位。
4　开始释放强脉冲光。
5　完成后用清水清洗即可。

孙大夫
美肤妙计

光子嫩肤注意要点

1. 第一次治疗后，色斑颜色可能出现加重，但不要过于担心，一周内即可变淡。

2. 术后注意防晒，涂防晒霜（SPF≥30）。

3. 术后可保持正常的生活习惯，24小时内不要使用有刺激性的护肤品，饮食上无特殊要求。

水光针，抵抗时光印迹

水光针是一种注射类的美容方式，注射时借助专门的仪器"水光枪"，把需要的美容针剂注射到真皮浅层，起到补水、增加皮肤弹性和光泽度的作用。因其注射后能让皮肤变得水润光亮而得名水光针。

水光针具备的美容功效

补水保湿

水光针的补水效果非常好，它是向皮肤深层补充玻尿酸，1克玻尿酸相当于1升水，而且保湿效果久，可让皮肤长久水润光泽。

加速新陈代谢

水光针能够加快皮肤新陈代谢，帮助排出人体内的黑色素，改善肤色，使皮肤光感亮白。

收缩毛孔

水光针可刺激皮肤新陈代谢，从而达到收缩细化毛孔的效果，让皮肤紧致光滑。

紧肤除皱

水光针可使皮肤充盈起来、舒展面部细纹等，紧致皮肤、除皱效果非常好。

哪些人适合打水光针

1　皮肤干燥的人
2　容易起皱纹的人。

孙大夫有话说

水光针还可增加皮肤营养

水光针的主要成分一般是透明质酸（一种小分子的非交联的玻尿酸），它与普通玻尿酸有所不同，可将胶原蛋白等营养物质一起注入体内，在补水保湿的同时，还可增加皮肤的营养。

水光针的治疗步骤

1　治疗前先外敷麻醉药 1 小时。

2　麻醉药洗净后消毒，开始进行水光注射。

3　注射完后修复贴进行修复。

4　如有不适症状可在医生指导下进行处理。

> ### 孙大夫有话说
>
> ### 水光针的禁忌人群
>
> 1　半年内进行过美容手术如脸部整形等人群。
>
> 2　瘢痕体质和有皮肤过敏症的人群。
>
> 3　患有疾病的人群，如糖尿病、心脏病、高血压等。
>
> 4　孕期、哺乳期及经期的女性。

根据皮肤需求，注射不同的营养成分

水光针可以根据皮肤的不同需求，注射不同的营养成分帮助解决不同的皮肤问题。

营养成分	解决问题
肉毒素	能够收缩毛孔，平滑皮肤，消除皱纹，帮助减少油脂分泌
谷胱甘肽	有抗氧化功效，可美白皮肤，与维生素 C 有协同作用
玻尿酸	可补水保湿，使皮肤细腻、柔滑、润泽、白皙
维生素C	有抗氧化功效，可美白皮肤，促进胶原蛋白合成

孙大夫美肤妙计

根据皮肤缺水状况进行治疗

在进行水光针治疗时，可根据皮肤缺水的状况来决定治疗次数。如果皮肤缺水严重，前期可1个月一次，也可2周一次，维护期一般2~3个月一次，具体情况因人而异，可咨询医生。

肉毒素，除皱又瘦脸

肉毒素是一种较受欢迎的非手术美容方式，其最早用于治疗面肌痉挛，20 世纪 90 年代加拿大的一对夫妇发表文章介绍了肉毒素有良好的除皱作用，之后肉毒素在美容治疗方面就流行起来。

肉毒素除皱美容的原理

肉毒素是一种神经毒素，为肉毒杆菌产生，原来主要用于治疗面部肌肉痉挛及其他肌肉运动紊乱症。它可以阻断神经与肌肉间的神经冲动，让过度收缩的小肌肉放松，从而达到除皱的效果。此外，还可以利用其暂时麻痹肌肉的特性，让肌肉因失去功能而萎缩，从而起到雕塑线条的作用，达到去皱和瘦脸的美容效果。

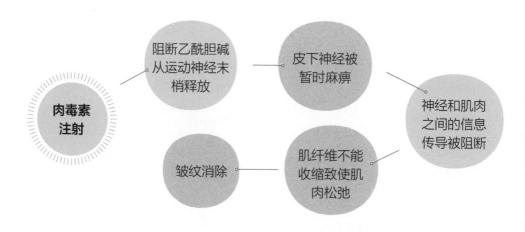

肉毒素注射 → 阻断乙酰胆碱从运动神经末梢释放 → 皮下神经被暂时麻痹 → 神经和肌肉之间的信息传导被阻断 → 肌纤维不能收缩致使肌肉松弛 → 皱纹消除

🔍 孙大夫有话说

肉毒素就是"瘦脸针"

肉毒素治疗引入我国后，由于其可治疗双侧咬肌肥大，而在中国人审美中比较流行瓜子脸，慢慢"瘦脸针"肉毒素成了的代名词。随着时间推移，许多人知道"瘦脸针"却不知道肉毒素，不清楚它们之间的关系，实际上，"瘦脸针"指的就是肉毒素。

肉毒素具备的美容功效

● 除皱

肉毒素在面部除皱美容方面有很好的效果，对面部鱼尾纹、抬头纹、皱眉纹等表情纹有明显的改善效果。此外，注射肉毒素，对身体其他部位的皱纹，如颈部的皱纹也有改善作用。

● 瘦脸

在瘦脸美容方面，肉毒素效果也很好。不少人面部两边的咀嚼肌发达，脸形方正，线条显得死板。在咀嚼肌部位注射肉毒素，可以让肌肉放松，渐渐使脸变瘦，脸部线条会变得更柔和。

● 调整眉型

有些人眉尾下垂，让人看起来没有精神，可以在眉尾的下方注射肉毒素，调整眉型，使眉尾上扬，显得精神。

● 改善多汗

有些人身体一些部位出汗多，如手脚多汗、腋下多汗等，会让自己不太舒服。这种现象可以通过注射肉毒素来改善，使多汗的部位出汗减少。注射肉毒素，可以干扰皮肤细菌和阻断汗腺分泌，以此控制排汗的神经末梢，抑制排汗化学物质释放，明显减少汗臭和多汗。

● 治疗面部抽搐

对于面部有不自觉抽搐或习惯性眨眼的人，可以在肌肉抽搐的位置注射肉毒素，从而改善或消除这种现象。

> **孙大夫有话说**
>
> ### 肉毒素不仅可以瘦脸，还能美腿
>
> 女人都希望自己拥有好看的双腿，其实肉毒素也可以帮忙，特别是被萝卜腿困扰的人，可以通过在较发达的小腿注射肉毒素，让小腿肌肉萎缩松弛，从而让腿部皮肤紧致，使小腿显得更修长。

肉毒素，到底有没有毒

肉毒素美容的原理主要是利用肉毒素麻痹神经，从而使肌肉放松，以此来达到除皱、瘦脸等目的。很多人有疑问，肉毒素到底有没有毒？其实这个问题不必过于担心，虽然肉毒素本身是一种有毒物质，但是目前在美容方面的使用剂量仅仅是其最大安全剂量的百分之一甚至更低，所以是安全的。

虽然肉毒素在美容方面的使用剂量一般不会造成危险，但是有些人使用后会有不良反应，这些是一定要知道的。

这些不良反应主要包括咬肌过度无力或肉毒素向邻近肌肉组织扩散而引起的相应表现，如面部红肿、疼痛、麻木等，偶尔还会有发热、不适、疲劳等症状。一般这些表现为一过性的，几天后会恢复。

肉毒素护肤的注意事项

肉毒素注射前2周不要使用阿司匹林、氨基糖苷类抗生素，而且要禁烟禁酒。此外，还要避开月经期、妊娠期和哺乳期；肉毒素注射的当天不能化妆，防止感染。

肉毒素注射4小时内要安静休息，身体保持直立。第一天不要剧烈运动，睡觉时避免面部朝下，同时不要饮酒吸烟。

肉毒素注射24小时内，保持伤口干燥清洁，不要使用化妆品，也不要沾水。

肉毒素注射3天内，注射部位不可有太多运动，不可大哭大笑，也不能按压注射部位。

肉毒素注射1个月内不要做脸部按摩，也不要进行热敷和揉搓。饮食上不要食用硬壳类食物，以及海鲜和辛辣刺激性食物。

合理使用玻尿酸，保持少女感

玻尿酸学名为糖醛酸，又名透明质酸，因其像玻璃一样光亮透明而得名，但与尿酸没有任何关系。

玻尿酸是现在流行的美容方式之一，而且因为人体皮肤中本身就含有这种物质，对它的接收程度高，因此被广泛应用于医美中。

人体玻尿酸的流失与年龄的关系

玻尿酸的含量与年龄有很大的关系。玻尿酸是一种本身就存在于人体皮肤中的葡萄氨基多糖，对人体健康特别是皮肤健康起着很重要的作用。它可以储存人体内的水分、增强皮肤的弹性。随着人体年龄的增长，皮肤中的玻尿酸会逐渐流失，皮肤中的水分也会随着玻尿酸的流失而散失，慢慢地皮肤就会失去弹性与光泽，从而出现皱纹。

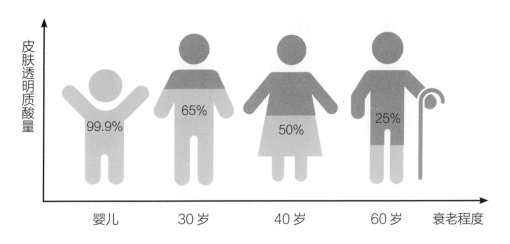

婴儿时期的皮肤含有丰富的透明质酸，柔软又有弹性。
25 岁以后透明质酸就开始流失，30 岁时只剩下幼年时期的 65%，
40 岁时只剩下幼年时期的 50%，60 岁以后就只剩下不到 25% 了。

玻尿酸的美容功效

玻尿酸因其原本就存在于人体中，是人体真皮组织的成分之一，所以在美容方面具有很好的功效。

🌿 防止皮肤衰老

玻尿酸能改善皮肤营养代谢，防止皮肤衰老，让皮肤更柔嫩、光滑、富有弹性，在使用的过程中与其他营养成分配合，还可起到促进营养吸收的效果。

🌿 保水保湿

玻尿酸有特殊的保水作用，被称为自然界锁水保湿性能最强的物质，它的透明质酸分子可携带 500 倍以上的水分，被称为理想的天然保湿因子。

🌿 除皱

玻尿酸可用于真皮层的填充，能起到除皱、填充凹陷的作用。在玻尿酸使用之前，虽然也有其他材料用于真皮层的填充，但自从玻尿酸出现后，就几乎取代了以往各种填充材料，是已知应用最广泛的皮肤填充材料。

玻尿酸的不同类型和作用

类型	分子量范围（道尔顿）	作用
大分子玻尿酸	1 800 000 ~ 2 200 000	质地硬，适合五官塑形，如面部深层凹陷填充和隆鼻等
中分子玻尿酸	1 000 000 ~ 1 800 000	质地较软，适合软组织填充和除皱
小分子玻尿酸	400 000 ~ 1 000 000	质地柔软，适合补水和修复受损皮肤

玻尿酸的注射部位和效果

玻尿酸注射到不同的部位会起到不同的美容效果。注射到真皮中层可以起到去除皱纹的效果，注射到真皮深层可以填充苹果肌，注射到骨膜层上方可以起到隆鼻等作用。做填充塑形时，玻尿酸会被注射到更深的层次，像隆鼻之类的塑形就要注射到骨膜层。

激素，不要谈之色变

激素护肤是现在人们常用的一种美容方式，主要应用于化妆品中，效果非常明显。但每个人要根据自己的肤质、季节等来选择护肤品，激素长时间使用不当对皮肤健康也是有损害的，要合理使用。

对待激素，不抗拒也不要滥用

在使用含有激素的护肤产品时，我们要不抗拒但也不要滥用，一定要细心观察自己是不是适合使用这款产品。特别是糖皮质激素，它见效快，但长期使用会造成激素依赖性皮炎。

有些产品一停用就会出现缺水、起皮、毛细血管暴露等现象，有些人会有色素沉着，进而引起继发性的皮肤炎症性疾病；有些人使用的部位会多毛。

此外，停用带有激素的产品，换成安全可靠的产品后，有时会出现脸红、发热、刺痒等症状，这称为断激素过敏症，自己可能以为是新买的产品不好，又换回原来带有激素的产品，症状会立刻减轻；如此反复，会一直在"激素"的路上越陷越深。

激素护肤的注意事项

🍃 停用激素

在使用激素护肤时，一定要注意，如果使用 2~3 天后，脸上出现红疹、痘痘、毛细血管扩张、多毛、黑色素消失等现象，一定要立刻停用激素。

🍃 做好防护

特别是气温骤降或季节交换，要做好防护；尤其是夏天，物理防晒肯定是首选，平时可以多喝水或使用加湿器。

如何选择美容仪器

随着科学技术的发展，医疗美容技术取得了很大进步，对于需要美容和解决皮肤问题的人来说，使用这些美容仪器也是一个不错的选择。

超声刀，解决皮肤下垂和松弛

超声刀是一种常见的美容仪器，它利用高强度聚焦式超声波，在皮下作用的温度可达 65~70℃，不会伤害到皮肤表面。超声刀依诊疗部位的不同，可将超声波聚焦于单一个点，产生高能量，作用于皮肤的真皮层、筋膜层等，刺激胶原蛋白的增生与重组，以达到收紧轮廓、除皱紧肤的美容效果。

超声刀的作用

抚平皱纹 消除额纹、眼纹、法令纹、嘴角纹，淡化颈纹。

提升下垂组织 收紧眼袋、双下巴、松弛脸颊、下垂眼角，提升眼眉线条。

紧致塑形 提拉松弛部位，去除面部多余脂肪，柔顺线条。

热玛吉，紧肤除皱效果佳

热玛吉是一种广受欢迎的美容仪器。它独特的深层加热技术可以刺激皮肤再生新的胶原蛋白，能对皮肤实现拉伸紧致的效果，而且安全性高，不会留下伤口。

> 孙大夫有话说
>
> ### 热玛吉治疗原理
>
> 热玛吉针对松弛和出现皱纹的皮肤，能利用其治疗探头将高能量的高频电波传导至皮肤层，使胶原蛋白收缩，皮肤紧实，在这个过程中还能刺激皮肤中的胶原蛋白再生，达到长期的皮肤紧致的效果。

1　可以改善皮肤纹理与质地，增加胶原蛋白密度，适度紧缩皮肤，让皮肤紧致光滑。

2　可以软化眉脚，使眼部看起来更美观。

3　可以自然软化鼻唇褶和口角纹，使嘴部周围看着舒适。

4　可以缩窄或重新塑造下颌曲线。

5　可以去除真性和假性皱纹，修复妊娠纹。

安全性高

热玛吉的安全性非常好，通常情况下不会出现不良反应。热玛吉有自动冷却系统，当温度过高的时候会自动降温，不会烧伤皮肤，在除皱治疗时不会对皮肤造成伤害。

此外，热玛吉抗衰老不用注射，不用开刀，无痕除皱嫩肤。

效果好

热玛吉能促使皮肤本身产生胶原蛋白，治疗后肤质会明显改善，而且一次治疗可以长期保持效果。热玛吉不仅能除皱，还能除瘢痕，对皮肤的改善有很好的作用。

🍃 不适宜人群

1　体内有心脏起搏器或其他相似电子装置的人。

2　孕妇和体内有填充物的人，不建议做。

3　9 个月内服用异维 A 酸治疗的人。

激光美容，光子嫩肤不能解决的皮肤问题可靠它

激光美容也是一种新的美容方式。它不仅可以消除面部皱纹，使皮肤变得细嫩、光滑，还可以治疗痤疮、黑痣、老年斑等。光子嫩肤不能解决的皮肤问题，它可以解决，而且由于激光美容无痛苦、安全可靠，受到了很多人的欢迎。

● 激光美容的原理和优势

激光美容是利用了对人体有益、穿透能力较强、人体组织吸收率高的光波波段和弱激光对生物组织的刺激作用，将特定波长的激光光束透过表皮层和真皮层，破坏色素细胞和色素颗粒，碎片经由体内的巨噬细胞处理吸收，达到安全不留瘢痕，实现美白等的美容目的。

治疗各种血管性皮肤病和色素沉着

通过产生高能量具有一定穿透力的单色光，作用于人体组织而在局部产生高热量，从而达到去除或破坏目标组织的目的，各种不同波长的脉冲激光，帮助治疗各种血管性皮肤病及色素沉着，如太田痣、鲜红斑痣、雀斑、老年斑、毛细血管扩张等。

恢复快、创伤小

激光美容治疗不需要住院，手术切口小，不出血，创伤小，没有瘢痕。如应用高能超脉冲 CO_2（二氧化碳）激光仪治疗眼袋等，术中不出血、不需缝合、不影响工作，而且手术部位水肿轻、恢复快、无瘢痕等。

● 激光治疗后的注意事项

1　治疗后，由于皮肤比较细嫩要注意防晒。

2　治疗期间不要吃感光性食品和药品，如芹菜、韭菜、香菜等。

3　治疗后要遵守治疗后须知及医嘱，发现不适情况请及时与治疗医师联系。

● 不适宜人群

1　对光敏感的人及半个月之内用过光敏感药物（维 A 酸类、四环素等）的人。

2　孕妇、高血压患者、糖尿病患者。

3　服用抗炎药、降压药及长期服用某些精神类药物的人。

4　面部有黄褐斑和炎症的人。

黄金微针，去除皱纹、改善痘印

黄金微针是微针技术与射频技术相结合的一种美容方式。

黄金微针穿入皮肤后，从微针的针尖可以发射射频能量，这样除了微针的作用之外，射频产生的热刺激和生物学效应，也可以促进皮肤代谢，加强刺激胶原增生与组织重塑，去除皱纹、改善皮肤问题。

● 黄金微针的适宜人群

皮肤松弛、毛孔粗大、肤色暗沉、皱纹、痘坑、瘢痕、妊娠纹、腋臭、透皮给药、局部轮廓雕塑均可以做黄金微针。

● 黄金微针治疗后的注意事项

1 做完黄金微针后，不可以用手触碰治疗部位，另外做完治疗不要接触水，更不要去做桑拿、游泳等。如有需要可用生理盐水冲洗。

2 做完黄金微针治疗后要注意防晒，但1周内不要涂抹防晒霜，可以采取物理防晒措施。

3 建议治疗后1周内每天要充分涂抹面霜，需要注意面霜成分里不要含有果酸、维A酸、水杨酸、高浓度维生素C、酒精。可以选用医用补水面霜。

4 饮食要清淡，作息规律，不要吸烟饮酒。

● 黄金微针射频的工作步骤

1 手柄平贴接触皮肤。

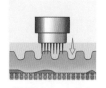

微针嵌入（0.02秒）

2 微针自动进入皮肤。

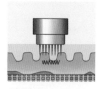

发射射频（0.1~3秒）

3 微针尖释放射频能量。

微针提出（0.02秒）

4 微针自动退出皮肤。

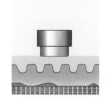

5 微针微孔短时开放。

配合修复护理

6 涂抹、导入、透入药液。

孙大夫答疑： 皮肤美丽说

1 在家里做的一些护理能起到抗衰老的作用吗？

在家里做的护理，不是说做的越多，就越会抗衰老，如果做的不对，还不如不做。

美容刷、美容仪不一定有你想象的作用，还有可能对皮肤带来伤害。美容刷，在刷的过程也会破坏角质层，所以不建议用美容刷洗脸。

还有近几年流行的带电的美容仪，这种美容仪其实是直流电，直流电的电流强度比交流电的低很多，所以要用美容仪达到对面部的提升作用，基本上是不可能的。

而医院做的射频、超声刀、热玛吉能量非常高，除了有很高的能量外，还能透过表皮对真皮起作用。因为人的衰老是真皮处的弹力纤维缺水、缺营养等原因导致的干枯断裂，而高能量的手段可以使弹力纤维重新活跃起来，绝对不是随便的美容仪就能改善的，美容仪最多起到一个加热作用，所以在家里做的这些护理，不一定像期望的那么有效。

2 瘦脸有用吗？

每个人都想拥有一张精致的小脸，瘦脸是打了咬肌以后，使肌肉不萎缩，也没有消失，只是使收缩变得无力了，所以脸相对会变小。25 岁时打瘦脸效果是最好的，肌肉下垂、无力之后没有必要再打，所以瘦脸不是万能的。如果在正规的医院瘦脸，非常安全，没有太大的危险。

3 根据成分可以自制化妆品吗？

自制化妆品其实是不可取的。化妆品有三大要素决定其是否有某种功效，首先要看的就是成分，成分要非常科学，成分其实不难做到；其次要解决透皮吸收的问题，透皮吸收要恰到好处，既不损伤皮肤又能使皮肤的角质层接受化妆品，这是工艺的问题；第三点也很重要，一个功效性的化妆品，无论是有美白还是保湿功能，都要做很多，甚至是上千例的临床试验，所以在家自制化妆品是不可取的。

第 7 章

护肤热点问题解答

关于护肤相信大家有很多的问题想要咨询皮肤科医生，前文的"孙大夫答疑"很好地解决了部分人群的问题，但是还有别的问题怎么办？而且这些问题还有很多朋友特别关心。

别担心！本章为大家整理了各种护肤热点问题，教大家怎么根据实际问题护肤，足不出户解决皮肤的常见问题。

1. 洗脸用冷水还是用温水好？

这要根据你的皮肤来决定，如果是皮肤特别干，又是夏天，用冷水洗是没有问题的；如果是冬天，且皮肤特别油，要用温水洗，甚至是偏热一点的温水，才能把脸上的油脂溶解掉。

2. 一天到底应该洗几次脸？

正常情况下，一天洗脸两次是比较合适的。因为早上还没有出门活动，脸上没有太多的脏污，可以直接用水洗脸；到了晚上，因为在外面活动了一天了，可以用洗面奶来洗脸。不管早上洗脸还是晚上洗脸，护肤品都不要用得太多，早上三种、晚上三种足够了。

3. 毛巾上细菌多吗？

其实毛巾上的细菌没有脸上的细菌多，脸上存在正常的寄生菌，所以用毛巾蘸点温水湿着擦一遍脸，洗掉脸上的分泌物及油，再洗一遍毛巾，拧干后擦干脸上的水，然后将毛巾晾到一边。可以负责任地告诉大家，毛巾只要是干的，是不会长细菌的，不用暴晒也不用烫。

4. 男士可以用香皂洗脸吗？

其实男士的话，如果脸出油特别多，皮肤偏厚，用香皂洗脸是可以的。但是如果皮肤比较嫩，用香皂洗脸觉得挺刺激的话，那就不能用了。

5. 洗面奶洗完脸还需要去角质吗？

女性用洗面奶洗完脸后，一般没有必要再去去角质；男性皮肤粗糙、油性大，可以使用去角质产品。去角质的时候，一定注意不要将新长出的角质去掉了，即便长了痤疮，皮肤也没有那么厚，所以角质如果去不好，反而会使皮肤变薄，还可能变得敏感。

去角质也可以去医院做果酸换肤，用酸轻轻地去掉角质以后，及时中和，以维持皮肤正常的酸碱度，如果经常改变皮肤的状态，特酸或特碱，对皮肤都是不好的，所以不要轻易去角质。

6. 为什么不建议用纸擦脸？

现在很多年轻人用手洗脸，用纸擦干，虽然目的也达到了，但是用手洗脸和用毛巾洗脸还是有差别的。第一，手上的皮肤与脸上的皮肤贴合度不够，无法起到有效的清洁作用，而毛巾＋温水的方式可以很好地起到敷脸、清洁的作用；第二，用纸擦脸浪费资源，毛巾是比纸方便、便宜的洗脸工具，为什么不用呢？

7. 洗脸刷有用吗？

洗脸刷是皮肤科医生非常不推荐的一种洗脸工具。如果用刷子刷脸，会破坏角质层，把角质层变得粗糙，不要觉得刷完脸以后自己洗得很干净，很有成就感，其实在显微镜下观察，已经破坏了皮肤的屏障功能。所以不建议用洗脸刷。

8. 盐可以洁面、去角质吗？

民间有一种说法是用盐洁面可以去角质，这种说法是错误的。盐是氯化钠，是咸的，咸的东西吃到嘴巴里都觉得有点刺激，如果抹到脸上，皮肤感受到的刺激强度可想而知。盐用到脸上以后，皮肤会觉得有点刺痛，仿佛去掉了一层角质，但实际上，盐对皮肤的强烈刺激导致皮肤受到损伤，如果一直用盐洁面，会导致皮肤的颜色不均匀。所以用盐洁面、去角质的方法不可取。

第7章 护肤热点问题解答

9. 如何区分干性、中性、油性皮肤？

其实区分干性、中性、油性皮肤的方法很简单。如果洗完脸以后，什么面霜都不用，觉得脸上紧绷，说明你是干性皮肤，必须要抹面霜，而且冬季还要用油脂大一点的面霜；如果洗完脸以后，什么都不用，觉得不干也不是很油，说明你是中性皮肤；如果洗完脸以后，过了一会脸上特别油，一米以外看你的脸觉得油光锃亮，说明你是油性皮肤。

10. 干性皮肤怎么护肤？

早上用温水洗脸，注意不要用洗面奶，洗脸后抹面霜。如果想用爽肤水、紧肤水、精华素，选择其中一种就可以了，再用一层护肤霜，出门前30分钟左右抹防晒霜。

11. 油性皮肤可以一天用三次洗面奶吗？

皮肤出油的状态可以自我调控。出油再多也不是用洗面奶的次数越多越好，出油出到一定程度以后就不出了，如果洗掉以后又出油一直到出油的机制被抑制住，就不会再出油了，这个时候脸会觉得非常干。所以出油的话，洗面奶可以适当地用，建议一天不要超过两次。洗掉油脂以后，注意要抹一层乳液。

12. 早上起来如何快速护肤？

温水打湿毛巾洗脸，去掉脸上的油脂和眼周分泌物，毛巾拧干以后再擦一遍，就可以用面霜了。建议用完面霜，马上抹防晒霜，可以保证30分钟后出门防晒霜可以起到作用。如果想用精华素、眼霜，也是可以的，但是无论早上还是晚上，建议用到脸上的护肤品不要超过三种，如精华素、面霜、防晒霜就已经可以了；如果爽肤水、紧肤水、精华素三种水都用的话，对皮肤尤其是对敏感性皮肤其实是非常不利的。

13. 男士护肤的重点有哪些?

男士洗完脸是不是经常很纠结,不洗脸的话很油,洗完脸以后又很干,不知道自己到底该抹什么。男士们洗脸后可以抹乳液,抹完乳液以后皮肤很亮的话再抹一层,如果有能提亮肤色的润肤乳也是非常好的。乳剂抹到脸上,不用卸妆,温水就能洗掉。

14. 爽肤水、紧肤水、精华素的区别与作用?

这三种护肤品不是每个人都必须要用的。爽肤水,含有酒精,有助于角质的脱落,面膜也可以起到这个作用;紧肤水,有收缩毛孔的作用;精华素,容易渗到皮肤里。但是这三者不能同时用到敏感性皮肤上,因为敏感性皮肤已经没有角质层脱落不掉的感觉,会感觉非常刺激。气色不好,不透亮,皮肤又不敏感的,可以适当用爽肤水。

15. 喝水越多皮肤越好吗?

水对人体健康来说是必需的,但不是喝水越多越好。如果你一天只需要2杯水,但喝了8杯,多出来的这部分不是身体需要的,需要被排出,这个时候就会加重肾脏的负担。如果嘴巴感觉很干,就必须要喝水;如果水分已经足够了,就不要喝那么多水。

16. 如何正确涂抹护肤品?

这几年有种说法是护肤品要点涂,其实这样的方法既麻烦又不科学。如果想要护肤品保湿效果好,是需要一定的温度来溶解的,而人手心的温度正好可以充分溶解护肤品。将护肤品倒入手心,双手对搓,再将护肤品涂到脸上。脸上涂完以后如果还剩一点护肤品,涂到手背就可以了。如果要涂防晒霜,方法也是一样的。不建议采用点涂的方式,因为点涂用的是手指,手指的温度不如手心温度高,点涂之后很难将霜剂涂抹均匀。

第 7 章 护肤热点问题解答

17. 如何选面膜？

目前国内市场上出现的面膜，尤其是一些小众品牌的面膜，约80%含有激素。面膜里含的激素量虽然非常少，但是因为皮肤在保湿、保温的环境下，激素吸收非常厉害，容易出现激素依赖性皮炎。大多数人追求的是敷完面膜以后，皮肤立刻粉嫩，如果某种产品能让你的皮肤立刻粉嫩，其实是不安全的，值得怀疑的。因为激素会使血管扩张、皮肤变薄，所以面膜拿掉以后像鸡蛋清一样粉嫩，这是非常可怕的。注意激素是人体分泌的，当你的皮肤激素达到一定程度的时候，机体会认为不需要分泌了，就会出现激素缺乏的表现。因此，面膜一定要选可靠的品牌，如果不确定面膜好不好、能不能用，还不如先不用。

18. 敷面膜注意事项有哪些？

如果你的皮肤比较灰暗，出油比较多，又有痘痘和痘印，适当用面膜是可以的。但是如果你的皮肤非常敏感，而且又非常干，每天敷面膜时间太长，有的甚至一整夜都敷着，皮肤十几个小时都在水的环境下，这样皮肤会越泡越薄，也会变得敏感，甚至有渗液。所以如果你的皮肤已经很敏感了，每次用面膜不要超过5分钟，而且不建议每天使用。如果你的皮肤特别油、特别厚，又有很多痘印，敷面膜的时间可以适当延长，但是每次也不要超过15分钟。

19. 脸部皮肤太薄要注意什么？

皮肤特别薄，说明皮肤非常好，像鸡蛋清一样吹弹可破，但是这种皮肤对外界的防御能力差，而且容易出现皱纹，脸上一定要多抹保湿的护肤品，爽肤水、紧肤水、精华素要少用，所以薄的皮肤要做好保湿和防晒，不要用太多护肤品。

20. 皮肤出现红血丝怎么办?

皮肤的红血丝如果比较浅,一定要做好保湿和防晒,出现红血丝说明你的皮肤非常敏感,所以一定要用敏感性皮肤可以用的防晒霜,抹完面霜再抹防晒霜,这样会减小刺激。如果是中度的红血丝,无论什么情况都是红的,可以做一点激光。如果是重度的红血丝,还有更强的激光可以用来治疗。激光治疗对红血丝是有效的。

21. 激素依赖性皮炎怎么办?

皮肤总是发红,可能是激素依赖性皮炎,这可能和以前用的药膏或者护肤品里面有激素,甚至面膜里面也有激素有关,只是自己不知道,用的时候没出现什么问题,但停用以后,毛囊、皮脂出现炎症,导致毛血管扩张,皮肤特别红。这种情况可以用药物治疗,也可以用医学护肤品修复、治疗。一般不用忌口,可以吃辣的。如果觉得又红又痒,可以用点喷雾,起到镇静的作用。

22. 皮肤过敏可以抹芦荟胶吗?

过敏分为多种情况,是接触过敏,还是日晒伤?过敏是轻,是重,还是皮肤损伤?芦荟胶不是万能的,可以用对症治疗的护肤品、药物。

23. 敏感性皮肤如何护肤?

建议早上不要用洗面奶,用温水洗脸即可。洗完脸以后,护肤水只选用一种就可以,因为护肤水之间的成分是相同的。用完护肤水以后再用面霜,如果用完护肤水以后觉得已经很保湿了,就没有必要用乳液了,不要超过三种。晚上的时候因为在外面活动了一天,可以用中性的洗面奶,洗完脸后抹面霜,如果想敷面膜,在抹面霜之前敷5分钟面膜就可以了,也可以再用点精华素,注意不超过三种护肤品。

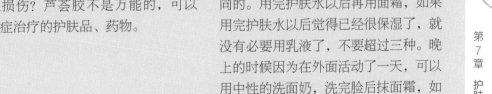

24. 敏感肌可以化妆吗？

彩妆对皮肤的损害不是很大，可以用腮红、眼影，画眼线，因为这些彩妆的颗粒比较大，在皮肤上面浮着，晚上卸妆以后，不会进入皮肤内部，所以对皮肤的损伤不是特别大。因此，如果你的皮肤有些许瑕疵，如痘痘、痘印，或者是敏感，或者是浅色的黄褐斑，在用基础护肤品之后，先用一层保湿霜，再用彩妆是没有问题的。

25. 脸部敏感，特别容易红怎么办？

建议皮肤又薄、又嫩、又白，还有些敏感，遇到日晒或者遇到激动的事情或者吃火锅容易发痒发热的人群，可以准备一个比较正规的喷雾，远远地喷一下，可以起到降温的作用；如果你情绪激动，脸比较热，可以试着深呼吸，让自己放松下来，所有节奏放慢一点；或者找一个凉快、通风的地方待一会。

26. 油性皮肤如何护肤？

早上温水洗脸，可以用洗面奶，用完洗面奶以后可以用爽肤水，但是没有必要爽肤水、紧肤水、精华素都用。也可以抹乳液，不要抹面霜，可以抹防晒霜。晚上用洗面奶洗脸后抹面霜，注意可以用对角质有剥脱作用的面霜，抹面霜之前也可以敷面膜，面膜对油性皮肤和角质层偏厚的人群有一定的减轻作用。

27. 可以用柠檬片敷脸吗？

柠檬片是酸的，富含维生素 C，所以喝柠檬水非常解渴，但如果把维生素 C 补到脸上就没有科学依据了。因为维生素 C 在空气中很快会被氧化，所以用到皮肤上无法起到维生素 C 原有的作用。喝柠檬水可以补充维生素 C，是因为柠檬水进入消化道以后，维生素 C 可以被消化道里的胃酸中和，给全身补充营养，但是如果用到皮肤上，氧化以后会引起色素沉着，而且因为柠檬太酸了，甚至对皮肤有一定的腐蚀性，所以柠檬片用到脸上不科学。

28. 经常戴口罩脸部不适怎么办?

目前处于特殊时期，每天都需要戴口罩，戴口罩时间久了，鼻子和脸出现红肿怎么办？还有的女生痘痘加重了，去医院面诊又不方便怎么办？口罩摩擦较多的地方可以多抹点面霜，因为抹了面霜之后可以减少摩擦。如果摘了口罩以后已经出现红斑，建议抹宝宝用的护臀霜，宝宝的臀部在尿不湿的包裹下容易出现红肿，这和戴口罩引起的红肿是一个道理，所以建议在找不到合适的方法时，在口罩常勒的地方抹点凡士林或宝宝用的护臀霜（不含激素，主要成分是氧化氢，有去红消肿的作用）。

29. 如何做到皮肤亮白有光泽?

皮肤好坏与遗传有关，而且随着年龄的增大，雌激素、孕激素和雄激素分泌少了以后，皮肤会越变越细腻，而且毛孔粗大和出油的情况也会改善。年龄大了以后，皮肤会出现皱纹，动态的皱纹可以通过肉毒素纠正，如果是静态的细纹，可以控制它不加重。另外，护肤时不要用太多种护肤品，一天用 10 种以上肯定不可取。皮肤上如果出现小的斑点，可以及时做激光治疗，如果出现动态皱纹可以注射肉毒素，这些方法都可以让你的皮肤看起来细腻亮白。

30. 想美白怎么办?

美白是很多女士追求的变美目标之一，都希望皮肤变白，但是如果脸上的皮肤和脖子的皮肤完全是两个颜色就不好了。虽然没有真正让皮肤变白的产品或方式，但是有一些护肤品，是可以在自己肤色的基础上美白的。如果已经是又白又嫩的皮肤了，建议不要再美白了；如果是青春期，面部灰暗，没有光泽，可以在医院做果酸换肤，护肤品也可以做到换肤的作用，酸度也是安全的；一些含视黄醇、视黄醛的产品也有角质剥脱的作用。还有一点要提醒的是，去角质产品一定要在晚上使用，选用国家正规的品牌，不要自配。

第 7 章 护肤热点问题解答

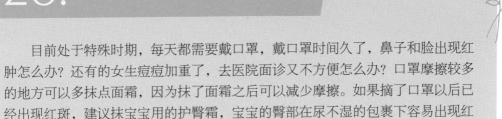

31. 蜂蜜用到脸上，会有美白嫩肤的作用吗？

蜂蜜的成分非常复杂，而且是甜的，如果把甜的东西用到脸上，皮肤原来的微环境就无法保证，因为酸度、碱度、甜度对皮肤是有伤害的，所以千万不要把蜂蜜用到脸上来美白保湿。

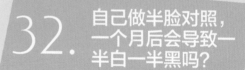

32. 自己做半脸对照，一个月后会导致一半白一半黑吗？

一般不会出现这种情况的，因为目前上市的美白产品不会有这么好的效果。美白是相对而言的，美白的作用主要是：①防晒的作用。②提亮肤色的作用，有一定的光泽性，在视觉上变白了。想知道这个产品对你的皮肤保湿效果够不够，自己完全可以一侧抹一种，另一侧抹另一种，一个月以后不会发现有太大的改变的。

33. 皮肤黑怎么办？

如果全身皮肤都很黑，建议放弃变白的这种想法，因为肤色是遗传决定的。其实黑也不是什么缺点，黑的皮肤是不容易长皱纹的，如果身上的皮肤黑，皮肤的弹性一定比白皮肤的好很多，可以对比下黑种人的皮肤，弹性非常好，老了以后也不容易长皱纹。所以亚洲人皮肤黑只是一个相对值。如果脸上的代谢有问题，且想让脸上的皮肤白一点，可以做角质换肤、果酸换肤，这个时候的白是角质层变薄的原因，黑色素颗粒过早地脱落，就会变得相对白皙，但是绝对不能白到和脖子是两个颜色。

34. 脖子、腋窝发黑怎么办？

有的人脖子、腋窝发黑是因为偏胖，这种假性黑棘皮病，体重减下来以后就减下来了。有的人不是特别胖，也有一些色素沉着，这个与青春期的皮脂代谢有一定的关系，如果不是特别严重，抹一点维A酸促进角质剥脱，就可减轻。还有一点，随着年龄的增长，等到一定的年龄时黑皮会逐渐减轻。

35. 黑眼圈怎么办？

黑眼圈是一个相对值，有的人眼睛比较鼓，眼睛周围有阴影，如果觉得不好看，可以涂一些粉底遮盖。如果扒开皮肤确实是黑色的，说明是色素性的黑眼圈，可以去医院，做微针、水光或超皮秒的激光治疗，来改善黑眼圈。还有一些是因为皮肤特别薄，皮下静脉都可以看到，而且很松，这种情况可以采取注射治疗，如注射胶原蛋白、聚乳酸的制剂，增加皮肤的厚度，让黑眼圈有所减轻。另外，还有一些外用的玻尿酸贴剂，贴到皮肤上，对黑眼圈也有一定作用。

36. 毛孔粗大怎么办？

毛孔粗大是年轻的表现，是青春期内分泌激素分泌，所以想要白皙的皮肤需要等到年纪较大的时候才可以，因此不要强求毛孔变小，毛孔粗大也是年轻的表现。当然毛孔特别大的时候，确实不好看，所以缩毛孔是一个相对的概念。毛孔不是很大的话，可以用一些去角质的护肤品；毛孔再大一点的话，可以去做果酸；如果再大一点，可以做光子嫩肤。医美的手段是很多的，但是价格比较贵，也比较麻烦，建议毛孔不是特别的大，一米以外看不出来毛孔粗大的话，不用太在意。

37. 嘴唇干裂怎么办？

嘴唇干裂的时候千万不要用舌头舔，越舔干裂的情况会越严重。解决嘴唇干裂的方法很简单，随身带一个唇膏，感觉嘴唇干的时候就用一下，吃东西的时候尽量不碰到嘴唇。如果这两点都做到了，嘴唇还是干，可能是因为青菜、水果吃少了，可以补充 B 族维生素、维生素 C。

38. 睡美容觉对皮肤重要吗？

睡眠好会显得气色好，但是因为大家都是"上班族"，不可能每天都睡那么好。皮肤的保养是多方面的，加强营养、保湿、防晒，保持愉快的心情，都很重要。由于工作需要，偶尔熬夜也是可以的。熬夜对皮肤的损伤只是一个方面，如果熬了几天的夜，多睡几觉，皮肤会得到改善的。

第 7 章 护肤热点问题解答

39. 女生可以"裸脸"吗？

"裸脸"可能是因为之前用爽肤水、精华素等太多了，皮肤出现问题后，就开始什么都不用了，实际上这两个极端都是错误的。"裸脸"仅适合男士，因为男士脸上出的油已经足够了，所以男士"裸脸"是没有问题的。而对于女性，尤其是在秋、冬季节，如果皮肤完全暴露在空气中，皮肤损伤是很严重的。所以，不滥用护肤品不等于不用护肤品，如果你的皮肤已经出现问题，那就把复杂变成简单，每天洗脸次数减少，洗面奶使用次数减少，但是护肤霜一定要用，可以只用一层面霜，护肤水、乳液、精华素等都不用，而且这种面霜必须是医学护肤品，这样可以慢慢修复受损的角质层。

40. 水、乳、霜、精华需要都用到脸上吗？

具体用什么护肤，取决于你所在的环境。如果是在潮湿闷热的地方，润肤水有轻度的保湿作用，用润肤水就可以；或者说在南方又是夏季，不护肤的话有点干，用的话觉得毛孔好像堵塞了，无法正常排汗，这种情况下用水就可以了。如果觉得水不够保湿，可以用乳液，没有必要先用水，后用乳液，再用霜，如果想用霜，就没必要用乳液，所以如果乳液用到脸上已经觉得不干了，就不用再抹霜了。如果是秋、冬季节，特别干燥，直接用霜就可以了，不要一层水，一层乳，再一层霜。注意霜在用之前要放在手心将其溶解开。

41. 过期的防晒霜还能用吗？

所有的化妆品都有使用期限，尤其是防晒霜，因为防晒霜有防晒指数，有各项的生理生化指标，如果过了有效期，防晒作用可能真的达不到承诺值那么高，所以过期的防晒霜最好不要再用了。护肤霜也同理，因为护肤霜含有营养物质，里面要加一些防腐剂，如果过了有效期，里面的一些物质可能被污染物污染，所以尽量在有效期内用完。

42. 隔离和粉底是一样的吗?

隔离、粉底、防晒这三者到底有什么关系呢?隔离其实就是粉底,里面所含物质差别不大,隔离里含有二氧化钛、氧化锌,还有一点羊毛脂,它接近肤色,颗粒又比较大,所以它是粉底,也是隔离。因此,不建议用了隔离再用粉底。最好是用的粉底既有隔离的作用,又有粉底的作用,还有防晒的作用,这样只抹一层就可以了。没有必要每天用洗面奶、水、乳、霜、隔离、粉底、防晒等,这些东西在皮肤上形成的化学反应是未知的,至于把皮肤局部的酸碱度、角质层厚度变成什么样,也是未知的。所以如果想保湿,用乳、霜就够了;如果想用粉底,就用粉底,如果用了隔离就没有必要用粉底了。

43. 防晒霜可以防止晒斑吗?

防晒霜是出门必备的武器,而且正确涂抹防晒霜不仅能够防止晒黑,还能防止晒斑的产生,所以防晒非常重要。注意不要不抹防晒霜在阳光下暴晒,这种暴晒导致 DNA 链断裂以后,是没有办法修复的,如果日光特别强烈,就更要防晒。

44. 晒伤后冷敷可以吗?

举个例子,手烫伤的时候,及时冲凉水,会觉得很舒服,但是当你不冲的时候会更疼、更红。这是因为烫伤以后血管扩张,瞬间凉下来以后血管收缩,当离开凉的环境时,血管又反跳性地扩张,晒伤也是一样的道理。所以在没有条件的情况下,可以用冰块镇痛,如果有条件可以用等渗的水来湿敷,降温的同时不会让血管反跳性地扩张。

45. 室内工作者需要防晒吗?

如果是室内工作者,天天面对着电脑、日光灯,可以不用防晒霜,建议用隔离乳。注意可见光对皮肤的伤害不是紫外线的伤害,它主要是破坏自由基,所以如果在室内,可以用有隔离作用的保湿霜。

46. 青春期长痘痘怎么办?

青春期痤疮是非常常见的,从中学到大学脸上长痘痘的人很常见,有的人会长在嘴角,有的人会长在下巴,这些地方长痘痘和脸上痘痘的治疗方案基本上是一致的。如果特别严重,一定要考虑口服药治疗;如果特别轻,可以外用维A酸类、甲硝唑类、抗生素。发现痤疮以后要用医学护肤品,保护皮肤的屏障。还有一个重要的问题就是,千万不要用手挤或抠痘痘。

47. "姨妈痘"该怎么办?

"姨妈痘"是月经期之前长的痘痘,这个时候女性体内雌、孕激素降至最低水平,雄激素相对来说在一个较高的水平,所以此时的痘痘最严重。月经结束以后,症状明显减轻,可以维持原状。如果不是月经前加重,而是一直都有痤疮,可以考虑口服药,口服药对痤疮有非常好的治疗效果。

48. 痘印怎么治疗?

痘印是因为真皮深层血管扩张,渗出来的血红蛋白,要靠自己的吞噬细胞慢慢吞噬,所以一时半会下不去,但是过1~2个月就可以自愈了。也有些方法可以帮助去掉痘印,如抹维A酸类的护肤品,还可以去医院做果酸换肤,甚至是光子嫩肤,还有微针、水光都会促进痘印早点消退。如果只是痘印,不是痘坑,也不是痘疤,随着时间的推移,早晚都会消退,所以不用太在意。

49. 痘坑怎么治疗?

痘坑治疗起来比较困难,因为痘坑治疗需要剥脱性的点阵激光,相当于把坑磨平了,相对来说,皮肤在磨完后的一段时间会发红,而且点阵激光有很长时间的恢复期。另外,非剥脱性的点阵激光,也会有改善作用。所以,如果你有很长的休息时间,建议做剥脱性的点阵激光,把痘坑磨平;如果没有,做非剥脱性的点阵激光即可。

50. 有哪些有效抗痘、去痘的方法?

　　痘痘是很常见的皮肤科问题,青少年可能有 1/3 会有痘痘的问题,有轻微的也有严重的。如果是轻微的痘痘或者重型痘痘的辅助治疗,可以通过刷酸减轻痘痘,尤其是可以减轻痘印。以前刷酸是要去医院的,因为酸的比例如果配的不合适可能会刺激皮肤。如果有一款新的护肤品,可以在家里自己解决一些比较轻微的粉刺、痘印,何乐而不为?例如,"三酸一胺"(是含有一种胺的复合酸),即果酸、水杨酸、辛酰水杨酸和烟酰胺。此复合酸可以减轻单一酸对皮肤的刺激作用,同时对痘痘会有所改善,如缩小毛孔、减轻痘印、提亮肤色。刷酸并不是把皮肤的角质层变薄,而是使已经代谢的堵在毛囊孔的角质(也就是常说的死皮)代谢掉。那是不是用了这个复合酸以后脸上就万无一失了?也不是,既然是刷酸,就可能产生一些刺激,一般用这种复合酸的时候先小面积试一下,如额头,如果有轻微刺痛,但不是很严重,可以小面积不断试,先在皮肤上建立耐受,之后才可以大面积使用。并不是自己随便拿三酸 + 一胺配到一起就可以了,这三种酸都需要一定浓度,还要有相应的临床验证试验证明其对痘痘、痘印的作用。

51. 出现黄色的痘痘怎么办?

　　黄色的痘痘说明里面长了大量的细菌,如果出现黄色的痘痘,我们称为"熟了",熟透了的痘痘如果是在无菌的状态下,用无菌的针将脓疱挑开,把脓液释放出来,一定要抹抗生素,挑出来如果不用抗生素,细菌会很快繁殖。如果脓疱一半红、一半黄,自己千万不要用针挑开,具体什么时候能挑开,什么时候不能挑开,要按医生的说法做。

52. 怎么去除黄褐斑？

黄褐斑的治疗方法是多种多样的，市场上的药可能会含有激素，甚至含有汞等重金属物质，所以不是所有的药都能用到脸上的，一定要有国家规定的正规的准许范围。只要是正规的美白护肤品，含有视黄醇、视黄酸，有轻度的角质剥脱的作用，确实对黄褐斑有一定的治疗作用。黄褐斑做类似激光这种美容的治疗一定要慎重，如果一定要做，可以先从小面积试做，因为激光治疗黄褐斑，有部分人有效，有部分人无效。最后需要提醒的是，无论做什么治疗，都要抹防晒霜，另外视黄醇、视黄酸要晚上用，因为要避光，还要抹保湿霜和防晒霜。

53. 米醋可以去痘吗？

米醋是酸性的，脸上的皮肤也是酸性的，但不是说皮肤越酸越好，过酸的话也可以腐蚀皮肤，何况米醋的酸度很高，腐蚀完以后皮肤可能会被烧伤，即使没有烧伤皮肤也会对皮肤造成刺激，并没有消炎的作用，所以用米醋去痘没有科学依据。

55. 痘痘已经挤了怎么办？

很多人长了痘痘以后喜欢用手挤，但是挤完以后又不知道该怎么处理。如果是开口粉刺或闭口粉刺，挤了以后一半出来一半进去的情况下没有关系，不会留疤；如果是一个红的痘痘，挤完以后要及时去医院，因为这个炎症会往皮肤走，将来可能会留痘印，可能局部要用抗生素或者服用抗生素。所以不建议挤痘痘，如果挤了一定要向医生求助。

54. 晒太阳会使痘痘严重吗？

阳光会使皮肤晒黑、老化，但是人体需要阳光的照射来吸收钙质，所以每天可以适当晒晒太阳。如果有痘痘，晒太阳也不会使痘痘加重，对痘痘影响不大。

56. 脸上有雀斑怎么办?

雀斑一般是先天因素在青春期或者 20 多岁的时候日晒以后就显示出来了,如果只是有几个雀斑,而且颜色很浅,建议不要去掉;如果在一米以外观察,雀斑非常多,好像脸上撒了一些芝麻,洗不干净一样,可以到医院治疗,激光治疗雀斑的效果是非常好的,治疗后要注意防晒,防止雀斑复发,因为日晒是雀斑复发的主要因素。

57. 鼻子上的黑头可以挤吗?

黑头其实是毛囊在长毛发的时候,毛发还没有长出来,就直接被氧化了,氧化以后再堆积一点灰尘,所以挤出来以后有灰尘也有油脂。黑头挤出来之后因为毛囊口还处于张开的状态,会立马再长出一个黑头,所以挤完以后会不断长黑头,而且毛囊孔会越长越大,这种情况可以用外用药处理。

58. 有哪些方法可以去黑头?

不是出现了黑头就得让它立刻消失,如果觉得黑头影响美观,还是有一些方法可以去除黑头的。如果用洗面奶好好洗脸,黑头会减轻(注意是减轻,不是去除),别人暂时看不见了,第二天还是会长出来,因为黑头是因为毛囊孔比较大,毛囊暴露在空气里被氧化后就变成黑色了,所以清洁只是皮肤表面的堵塞稍微缓解,并不能完全去除。如果黑头特别大,可以用环状的小勺子,把黑头包在粉刺环里,轻轻压,黑头就能出来了,但是第二天照样会长。怎么办呢?抹维 A 酸类药物,黑头是因为有过多的角质堵塞在毛囊里,维 A 酸可以加速角质的代谢;做果酸换肤,注意果酸换肤千万不能自己在家里做,因为果酸的浓度是有要求的,浓度太高会烧伤皮肤,浓度太低没有作用,并不是说自己在家里用点果酸就能起到作用;敷面膜,面膜是把增厚的角质层脱落了,对黑头也有减轻的作用。

59. 可以用鼻头贴去黑头吗?

鼻头贴确实可以去黑头,如果黑头太明显了,或者需要参加晚会,这个时候用鼻头贴把黑头贴掉,皮肤变细腻了,别人就看不出来黑头了。但是如果每天贴,皮肤会慢慢松弛,黑头也会越来越大。那黑头到底应该怎么处理呢?可以用一些干预的药物,如维A酸,可以加速角质代谢,黑头脱落之后,毛囊孔就会缩小。但是注意维A酸属于药妆,一定要掌握浓度,特别敏感的皮肤要小心使用。

60. 长了黑头就不能吃油了吗?

有的人饮食的时候很纠结,脸上已经有黑头了,到底能不能吃油? 这些年媒体也一直宣传少油饮食。那么什么是少油,什么是多油? 关于吃油这件事情,如果你习惯多油,可能吃了25克就已经算少了,但是对于不吃油的群体而言,25克油已经很多了。不吃油并不是最根本的控制黑头的方法,即使你吃了油脂,黑头也不会加重,油吃特别多的时候,油脂分泌可能会变多,这个时候可以用洗面奶洗掉。

61. 怎么预防酒糟鼻?

酒糟鼻患者的鼻子红肿、增生,女性比较少见,一般见于男性。不是青春期易患的病,而是中老年易患的病。鼻子刚开始红、长痘痘时及时治疗,一般不会发展成酒糟鼻。酒糟鼻出现以后会有增生,很难治疗。

62. 鼻翼两侧的红斑怎么治疗?

鼻翼两侧有红斑,特别痒还有皮屑,这是典型的脂溢性皮炎。脂溢性皮炎会有糠秕孢子菌的寄生,所以会有皮屑,如果是典型的脂溢性皮炎,可以用抑制糠秕孢子菌的洗液,如去屑洗发水(含酮康唑),但是每周洗的次数不要太多,1~2次即可,局部外用抗真菌药。糠秕孢子菌是长不尽灭不绝的,如果症状比较轻,可以抹氧化锌类的药膏,严重的时候可以用抑制糠秕孢子菌的洗液和抗真菌药。

63. 如何改善眼周皱纹?

皱纹是皮肤衰老的开始,眼周特别细的皱纹可以做水光、微针,甚至是激光治疗。但是当你对着镜子笑的时候眼睛周围出现三条皱纹,就可以打肉毒素了,因为笑的时候出现的皱纹是动态皱纹,肉毒素完全可以缓解动态皱纹,这么做的好处是不让这些动态皱纹变成静态皱纹,因为这部分肌肉已经形成了习惯性活动,时间长了即使不笑,也会出现皱纹。所以要及时注射肉毒素,肉毒素会改善动态皱纹,预防静态皱纹的出现。

64. 眼周有"脂肪粒"怎么办?

先不要定义它是"脂肪粒",因为脂肪是软的,如果成粒状的东西就不是软的,有的粒状物是正常的皮脂腺,眼睑下的皮肤特别薄,向两侧提拉会看到白点,这是正常现象,是因为皮肤特别嫩。如果上、下眼睑都出现,在一米外就能看出来粒状物,多半是汗管瘤,和用不用眼霜没有很大关系。汗管瘤长出来以后用任何的外用药都没有治疗作用,也没有预防的作用,可以在医院做激光或电解治疗,效果很好,不会有瘢痕。

65. 法令纹太明显怎么办?

对于有些人来说,法令纹并不会看上去显老,因为刚生下来的宝宝就已经有法令纹了,但是宝宝看起来还是非常可爱,这是为什么呢?这是因为法令纹深的情况下,伴随有苹果肌的下垂才会显得衰老,如果苹果肌很高,有法令纹反而显得甜美;如果苹果肌也下垂了,加上法令纹深,目前的治疗是要把苹果肌提升,提升苹果肌以后法令纹就已经变浅了,如果提升苹果肌以后,法令纹还是深,可以做填充。因此,要减轻法令纹第一步先做苹果肌提升,第二步做填充。

66. 人的衰老是从哪开始的，如何抗衰老？

有句话叫女大十八变，越变越好看，但是到了 25 岁，就该走回头路了。衰老是从皮肤开始的，因为皮下含水量少了，胶原纤维开始萎缩、断裂，出现皱纹、松弛，因此，抗衰老从 25 岁开始一点都不早，年轻时有年轻时的抗衰老方法，主要是预防，到了一定年龄以后就要治疗了，皮肤因为重力的原因是下垂的，所以一定要抹护肤霜。抹护肤霜的同时，皮肤就充盈起来了，皮肤充盈起来以后就不会那么容易往下垂，如果已经有很细的皱纹，可以选用抗衰老的产品，尤其是眼周的细纹，可以用一些含玻尿酸的贴膜。需要注意的是，一定不要熬夜，熬夜会加快衰老；要保湿，夏天要防晒；25 岁以后如果要防止动态的衰老，笑的时候表情幅度不要过大，因为眼角的皱纹与大笑有关，如果已经有动态皱纹了，可以注射肉毒素。另外还要注意，随着衰老的开始，脱发也开始了，空闲时可以梳一下头发，防止脱发。

67. 仰着睡可以预防皱纹的产生吗？

为了脸上不长皱纹，部分女性会仰着睡，其实睡姿与皱纹的产生关系不大，仰着睡预防皱纹产生也没有科学依据。因为人在睡着的时候，脸上的肌肉，包括全身的肌肉，都是在放松的状态，肌肉在非运动情况下，产生皱纹的可能性并不是很大。更何况，是侧睡还是仰睡，睡熟之后是无法决定的。

68. 出现了色素痣、雀斑样痣怎么办？

色素痣要做二氧化碳激光治疗把痣烧出来，雀斑样痣也可以做激光治疗，如调 Q 激光治疗，敷上麻醉药以后每 1~2 个月做 1 次，做 3~4 次可能就消失了。具体情况根据医生诊断结果为准。

69. 面部衰老、皮肤下垂如何解决？

中老年女士出现皱纹、皮肤下垂怎么办？皱纹有两种：一种是动态皱纹，当你没有表情的时候，动态皱纹是看不出来的。动态皱纹如果是在眉间，可以通过注射肉毒素来解决；如果是笑的时候出现在眼周的皱纹，眼周是眼轮匝肌，收缩就会出现皱纹，不笑的时候没有，也可以通过注射肉毒素来解决；还有就是咬肌的注射，如果用力咬着牙齿，肌肉凸起来了，这种情况注射肉毒素脸会小一指，如果咬牙的过程中，咬肌已经没有任何动静了，说明咬肌已经萎缩了，不需要做了。20~40岁咬肌注射肉毒素，脸可以缩小半指至一指。但是需要提醒的是，如果是第一次注射肉毒素，注射以后，脸会觉得很累，因为所有可以动的肌肉动起来都比较吃力，一个月以后适应了这种状态，脸看起来就会非常舒展、年轻。

70. 平常一定要用眼霜吗？

人体皮肤最厚的约为2毫米，最薄的约为0.4毫米（位于眼周），眼部的皮肤是全身皮肤最薄的部分，所以眼周最容易出现皱纹。眼霜是可以用的，但是眼霜仅起到保湿的作用，保湿间接地来说已经是抗皱了。所以如果你已经出现皱纹了，想要用眼霜来消除皱纹，这是不可能的，因为皱纹的产生是皮下弹力纤维的断裂，眼霜以保湿为主，无法渗到真皮层。如果皮肤不是特别敏感，用到脸上的医学护肤品，用到眼周如果没有刺激完全可以代替眼霜，所以眼霜不是每个人都需要用的。如果护肤霜抹到眼周有点刺激，不够温和，就不能用护肤霜代替眼霜。如果平常生活比较讲究，可以选择适合的眼霜。选择眼霜的时候一定要选温和的。

71. 抹姜真的能生发吗?

传统的脱发治疗方法是抹姜、蒜等,这是 20 世纪 50~60 年代的方法,因为那个年代物质比较匮乏,科学发展也不像现在这么好,治疗脱发的药物也较少。姜、蒜为什么能生发呢? 这是因为姜、蒜都是辣的,当用来刺激头皮的时候头皮会泛红,泛红是血管扩张的原因,血管扩张以后慢慢就长出新头发了。但是姜、蒜的味道太大,而且这些年科学也在进步,有很多的外用药,本身就是用来扩张血管的,比姜、蒜的作用大很多,抹到头皮上比姜、蒜的作用要强。或者用梳子梳头也是可以的。因此没有必要再用姜生发了。

72. 头屑多怎么办?

如果你是青年,头屑多是正常的情况,因为头屑多不是疾病,是因为皮脂分泌旺盛,糠秕孢子菌繁殖,所以不需要根治,更不需要用抗真菌药物治疗,可以用一些有去屑功能的洗发水;如果头屑特别多,可以用抗真菌的药用洗发水,如含有酮康唑或二硫化硒的洗发水。头屑只能减轻,不能完全根治,人体代谢不旺盛了,头屑自然就少了。

73. 早上洗头和晚上洗头哪个好?

洗头与个人习惯有关。如果出油特别多,早上洗比较好;但是如果晚上熬夜特别晚,早上又想多睡会,也可以晚上洗头。早上洗头还是晚上洗头,对皮肤的影响不是很大,可以根据个人的习惯来选择。

74. 年轻人为什么会长白发呢?

年轻人长白发一般与遗传有关,如果在遗传的基础上,经常熬夜,作息不规律,俗话说"愁愁愁白了少年头",所以如果已经有了遗传因素,只能延缓白发出现的年龄,可以做的主要有以下几点:营养均衡;作息规律,一定不要熬夜、昼夜颠倒,熬夜会加速白发的生长。

75. 长了蜘蛛痣就表示肝脏有问题吗？

有的人身上会长小红点，医学上称为血管痣，还有的像蜘蛛一样，称为蜘蛛痣，这是肝硬化晚期的一些临床表现。由于肝硬化晚期体内代谢出现了问题，有部分代谢产物排不出去，会出现蜘蛛痣，但是也不是说身上出现血管痣、蜘蛛痣就是得了肝硬化，因为只有到了肝硬化的晚期才会出现蜘蛛痣，同时也伴有腹水、脸色灰黑色，B超下可以看到肝脏已经损害非常严重，具体是否和肝硬化相关，需要专业医生判断。

76. 脚后跟干裂怎么办？

脚后跟干裂是因为皮脂分泌不足，皮肤没有油脂供应，就会一层层地干裂，抹大量的护手霜后，如果还是特别厚，可以用维A酸或尿素软膏，如果硬得像板一样，可以睡觉前抹上药以后用保鲜膜包住过夜，但是不能一直包着。如果包了一个星期以后，角质层已经变薄了，这个时候只抹药就可以了，如果经过治疗皮肤已经薄了，护手霜一定要抓紧用上，而且要勤抹，以免出现特别严重的干裂。

77. 大腿根长了红斑还特别痒怎么办？

这是真菌感染中的股癣。夏天稍微胖一点的中学生、大学生，腿部通风不好，出现了红斑瘙痒，边界还特别清楚，多半是因为有脚癣，抓挠了以后部分真菌转移到腿部出现的。

用药膏如果觉得黏糊，可以用喷雾剂，多喷几次，连续用药，每天2次，用2~4周，才能起到抗真菌的作用，同时注意加强通风。

第 7 章 护肤热点问题解答

78. 小腿特别干怎么办?

很多人小腿特别干,尤其是北方的冬天,这种情况下需要抹大量保湿霜。小腿皮肤干到裂口的时候,可以抹几天凡士林,当皮肤不太干的时候,可以从油膏变成霜剂再变成乳剂。

79. 得了灰指甲就是真菌感染吗?

灰指甲患者中确实有一部分是真菌感染,但不是所有的灰指甲都是真菌感染。如何判断?第一,如果你的指甲变灰了以后不对称,这多是因为真菌感染。第二,在手指甲有灰指甲之前,一定有脚上的灰指甲,灰指甲不可能先长到手上,脚上长灰指甲之前一定有脚气,如果没有脚气,也没有脚上的灰指甲,手上的灰指甲多半不是真菌感染,而是湿疹的甲改变。这可能是因为指甲油涂的频率太高,导致指甲特别薄;还有一点指甲周围的皮肤没有保护好,也会导致指甲变灰,但都不是真菌感染。这种情况下,如果经常做指甲,皮肤会越做越糟糕,怎么办?可以先养一段时间,除了饭前饭后外,其他时间尽量减少洗手的次数,多抹护手霜,这样可以让手指甲的皮肤与指甲连起来,皮肤上的营养才能更好地供指甲吸收利用。

80. 荨麻疹如何治疗?

荨麻疹是最常见的一种疾病,俗称风团,约 70% 的人在一生中可能会长荨麻疹,它像风一样,来一阵去一阵,所以大多数人长了荨麻疹就开始忌口。可以告诉大家的是,如果荨麻疹不是食物引起的不必忌口,而生活中最常见的荨麻疹是遇风出现的,你在一个温暖的环境中出去一遇到风就长了,还有的人运动完就长了,还有的人手划到皮肤也会长。这些是物理性的荨麻疹,是对机械刺激、温度的过敏,与食物没有关系。荨麻疹可以口服抗组胺药治疗。

81. 得了银屑病怎么办?

　　红斑上有银白色的鳞屑,我们称为银屑病,具有不疼、不痒、无传染性的特点。银屑病发病率非常高,每100人有1~3人患银屑病。但是为什么平常很难看到有谁患银屑病呢? 银屑病一般不发生在暴露部位,因为日光是治疗银屑病最好的方法。建议全身有银屑病的患者,游泳晒太阳,一个星期就好了。注意银屑病可能会伴随终身,无法根治,不严重的时候游泳晒太阳就可以了,严重的时候用一些外用药,有很多外用药可以选择。目前国内已经出现一个很好地治疗银屑病的药物,还有近一两年有个研究成果也可使银屑病患者受益,这就是生物制剂,如果是重型的银屑病,可以在皮下注射,而且这种生物制剂不需要终生注射,可能用1~2次,停3~5年,再注射。另外还要提醒的是,银屑病不治疗都比随便吃药要有效,因为目前没有特效的口服药。

82. 身上突然长了白斑怎么办?

　　首先介绍下白癜风,很多人听到"白癜风"这三个字,就会想到全身会变得黑白不一,但是真的变成全身都是花的只有不到千万分之一的概率。人身上的皮肤有1.6~2.0平方米,无法保证所有皮肤完全均匀一致,偶然出现几处浅色斑,要注意观察,如果这几块斑在不断扩大,赶紧去医院治疗;如果长到非暴露部位,如肚皮,但是斑并没有明显变大,完全不需要治疗,因为长到身上的斑与脸上的斑是没有关系的,不是说长到身上的斑一定会长到脸上。另外,白癜风不需要忌口,色素颗粒的减少与平时吃维生素C、黄豆、绿豆等没有关系。所以身上长了一块白斑,不需要紧张,不一定会发展到全身,一般也不需要忌口。

83. 皮肤痒怎么办？

脖子后面的皮肤老是痒怎么办？一般诊断结果是神经性皮炎，这大多是因为衣服的标签。衣领部位的标签大多是化学纤维，所以脖子后面皮肤发痒，大多数与标签的摩擦有关。这个位置的神经性皮炎一般用药一周就能好，为什么还是有人会一直有神经性皮炎，而且持续好几年？这是因为抓挠这个动作，抓挠的过程中会释放一种过敏性物质——组胺，组胺释放以后皮肤会增厚，增厚以后就会更痒，痒了以后继续抓挠，所以会越抓越厚，这也是医生嘱咐你不要抓挠的原因。但是还是痒怎么办？可以用药，你所用的外用药都是止痒的，不要抓挠以后再抹药，抹完药以后不再抓挠，忍几分钟就不会痒了。痒的部位以及神经性皮炎治好以后皮肤在一年之内可以记住，当你喝酒、吃火锅或者特别热的时候，全身血管扩张，扩张后会释放一种瘙痒因子，所以喝酒等行为会导致瘙痒加重，这个时候不去抓挠，皮脂便不会加重。

84. 得了皮肤病要忌口吗？

很多人一提到皮肤的问题就觉得要忌口，其实皮肤病和忌口的关系没有那么明确。首先，大部分皮肤病是不需要忌口的，如银屑病、白癜风、湿疹，包括脸上长的痘痘，都不需要严格忌口，如果脸上长了痘痘，吃大量的辣椒和油腻的食物肯定会加重，但是吃一点问题不大。这是为什么呢？因为忌口是和过敏有关系，只有急性过敏性皮炎，如吃了桃子、芒果等在一个小时，最多一天之内导致的过敏。如果吃了牛羊肉，皮疹并没有加重，就没有必要忌口。因为进入人体的食物，经过胃肠道的加工，最终都变成代谢产物，即成为氨基酸等营养类物质，供人体所需。

85. 脖子、头皮上长了小揪揪如何去除？

有的人脖子、头皮上会长小揪揪，大小还不一样，但是用手去摸能感觉到它的存在，很多人都有，尤其是中年男性，如果出汗、出油会长得更多。这在临床上称为寻常疣，是一种病毒感染，理论上来讲，不治疗的情况下会越长越多。临床上处理的方法也很简单，做冷冻治疗。冷冻治疗时不会感觉疼痛，也不会出血、留疤。所以出现这种情况到医院做冷冻治疗即可。

86. 生完宝宝以后得了带状疱疹，会传染给宝宝吗？

带状疱疹是由水痘－带状疱疹病毒引起的，与水痘是同一个病毒引起的。如果家里的宝宝正好半岁到一岁半，密切接触宝宝的话，宝宝有得水痘的可能，半岁以内的宝宝有母体的抗体，一岁半以后的宝宝注射了水痘疫苗，所以半岁到一岁半的宝宝容易通过呼吸道被传染。如果是在一个通风不好的房间里是有可能传染给宝宝的。因此，带状疱疹发病的 2 周内尽量不要接触宝宝。

87. 成年后还有鸡皮肤怎么办？

20 岁以后或者女孩子 18 岁以后有毛周角化的问题，脸上也不平整，这种情况怎么办呢？如果是特别严重的小棘苔藓，可能有一定的遗传性，可能是父母或者祖父母有点鸡皮肤。这种情况是可以改善的，成人以后鸡皮肤如果还存在，说明不是发育的问题，这个时候可以抹大量的润肤剂，润肤剂可以增加皮肤的油脂，促进维生素 A 的吸收。特别严重的地方用维 A 酸会有很好地改善作用，但是只是改善，不是根治，鸡皮肤并不是疾病，只是皮肤稍微粗糙一点。另外，吃一些富含维生素 A 的食物，注意不要补充太多的维生素 A，因为维生素 A 是在肝脏代谢，会加重肝脏的负担。

88. 洗手次数太多手部不适怎么办？

洗手次数特别多会导致什么问题呢？洗手特别频繁会让手变得特别干，继续干的话皮肤会变红，还会痒，继续发展下去有的人手开始出现液体。解决这个问题很简单，常备护手霜，洗完手都要抹护手霜，如果洗完手之后过不了多久又要洗一次，可以只抹手背，手心不太容易出问题。如果皮肤已经红了怎么办？特别红的时候，在护手霜的基础上抹一点宝宝用的护臀霜。如果手洗的次数特别多，手都破了、烂了，出现液体了怎么办？这个时候可能发生细菌感染，可以先用一点红霉素，遮盖的同时还有抗炎的作用。

89. 每次洗澡都需要用沐浴液吗？

肯定不是每次洗澡都要用沐浴液，尤其是对一些干性的皮肤，如果是油性的皮肤，可以放心用。如果一个星期没洗澡，不仅要用沐浴液，还应该让沐浴液在身上停留5分钟，沐浴液包括洗面奶都是碱性的，可以促进角质软化，但是如果天天洗，角质层还没有长起来就洗掉，肯定会出现问题的。如果身上感染了，如糠秕孢子菌感染，沐浴液可以涂的时间再长一点。所以沐浴液停留的时间长短，取决于你的皮肤状态。

90. 一天或一周到底应该洗几次澡？

洗澡的次数与季节有关，如果是夏天，江浙一带一天可以洗两次，在北方的话就不能这么做了，因为如果在北方还一天洗两次，会把身上的皮脂洗掉，皮脂洗掉以后再抹润肤乳也不是不可以，需要注意的是，外用的润肤乳肯定没有自己分泌的皮脂好。如果是男性出汗多，出油多，又是在南方潮湿的地方，可以天天洗；如果是在北方，冬天的话一周洗2~3次就可以了，天天洗澡的话皮肤一定会非常干，还有可能痒。

91. 洗澡时推盐、蒸桑拿有必要吗?

浴盐、桑拿是北方人很享受的休闲方式,浴盐比较粗糙,可以很好地去除角质层,汗蒸可以排泄体内的代谢产物。但这两者不能变成日常的护肤,偶尔享受一次是可以的。

92. 洗澡要用搓澡巾吗?

搓澡巾的材质一般是腈纶,搓澡的同时,也破坏了皮肤的角质层,成人还有可能长传染性软疣(俗称水猴子)。水猴子本来是小孩才长的,为什么成人身上也会出现?就是因为破坏了角质层,已经被破坏的角质层对病毒抵抗力较低,就可以长出传染性软疣,所以不建议用搓澡巾。如果确实想搓泥,怎么办呢?洗澡的时候沐浴液用到身上后,停留3~5分钟再冲掉,沐浴液冲掉以后角质层已经软化了,用毛巾轻轻地搓就能去掉这些角质层。

93. 青春期体毛特别重怎么办?

体毛重不重该如何判断呢?如果一米之外,别人一看就觉得体毛重,可以到医院检查全身的激素水平。如果激素水平是正常的,青春期体毛重也没有关系,可以做激光脱毛。如果伴有痘痘、月经不调,可以口服调节内分泌的药。体毛重到青春期会逐渐减轻。

94. 凡士林好处多吗?

凡士林是非常好的油膏,医学上把护肤品分为水剂、乳剂、霜剂和油膏。油膏是最好的一层保护剂。很多的保湿剂里都有凡士林这种成分,但是油膏是保护创面的,保护的同时也吸收水分,所以凡士林不作为常规的保湿剂,不能直接当护肤品使用。

95. 应该怎样晒太阳?

　　防晒是相对的，如果脸不想被晒黑，一定要做好防护；但想补钙的话，就需要多晒手、胳膊等部位。每天只在户外待半个小时，没有必要用防晒霜，更没有必要手、胳膊也涂上防晒霜。身体吸收的钙质是有利于骨骼的，老年人如果缺钙的话会腰痛、容易骨折，还容易出现心脏等问题，内脏的问题远远比皮肤的问题重要，不能为了保护皮肤把内脏问题忽略了。所以既要防晒，又要吸收阳光。戴了口罩就可以不涂防晒霜；如果在室外待 2 小时以上，可以用防晒霜。尽量把手和胳膊露出来，所有部位的皮肤接触阳光对钙质的吸收都是一样的效果，所以能有一部分皮肤直接暴露出来是很好的。还有一点，日光照射能使人产生多巴胺，有抗抑郁的作用，所以要多晒太阳。

96. 花露水可以全身涂抹吗?

　　花露水是防蚊虫叮咬的液体之一。花露水除了含有香精外，还含酒精。如果全身涂抹问题不是太大，涂太多了以后，因为含有酒精，可能会有些刺激，不过，因为防蚊虫的时间基本上都是下午 5 点以后，不是一整天全身都用，这个对皮肤的伤害不是很大。

97. 用消毒液洗衣服对皮肤有影响吗?

　　这两年正是特殊时期，每个人都比平时更加注意卫生，有的家庭甚至会用消毒液洗衣服，其实这么做完全没必要。且不说消毒液的浓度够不够杀菌，还有一个比较重要的问题是，衣服并不能传染病毒，包括冠状病毒，在空气里如果不能达到一定的温度和湿度，很快就会死掉，所以衣服上一般不会寄生病毒。如果衣服上真的有细菌和病毒，用的消毒液的浓度能不能杀死这些细菌和病毒，也是没有定论的。还有一点，有一部分人接触了有消毒液残留的衣服，身上会长荨麻疹。另外，消毒液对棉质衣服的损伤是很大的，所以不建议用消毒液洗衣服。